你的第 **1** 本

思维导图操作书

职场套装版

Mindmap Maps Your Mind

陈资璧　卢慈伟　著

SPM 南方出版传媒 广东人民出版社

·广州·

图书在版编目（CIP）数据

你的第一本思维导图操作书.职场套装版/陈资璧，卢慈伟著.
— 广州：广东人民出版社，2017.9
ISBN 978-7-218-11777-5

I.①你… II.①陈…②卢… III.①思维方法
IV.①B804

中国版本图书馆 CIP 数据核字（2017）第 108647 号

广东省版权著作权合同登记号：图字：19-2017-012
中文简体版通过成都天鸢文化传播有限公司代理，经耶鲁国际文化事业有限公司授权独家出版
发行，非经书面同意，不得以任何形式，任意重制转载。本著作限于中国大陆地区发行。

Nide Diyiben Siweidaotu Caozuoshu. Zhichang Taozhuangban
你的第一本思维导图操作书.职场套装版
陈资璧　卢慈伟　著

出 版 人：肖风华

策划编辑：詹继梅
责任编辑：马妮璐
封面设计：圆　圆
责任技编：周　杰　易志华

出版发行：广东人民出版社
地　　址：广州市大沙头四马路 10 号　（邮政编码：510102）
电　　话：（020）83798714（总编室）
传　　真：（020）83780199
网　　址：http://www.gdpph.com
印　　刷：北京博海升彩色印刷有限公司
开　　本：710mm × 1000mm　1/16
印　　张：21.5　　字　　数：245 千
版　　次：2017 年 9 月第 1 版　2017 年 9 月第 1 次印刷
定　　价：68.00 元（全二册）

如发现印装质量问题，影响阅读，请与出版社（020-83795749）联系调换。
售书热线：（020）83795240

目 录

III 找回你的图像潜力

IV 思维导图法基础运用

Foreword

Many years ago when I was struggling at university, I knew there had to be a better way to study. I began to experiment with different techniques and draw on basic principles for all thinking tasks, such as memory and creativity. These early experiments led to the development of the Mind Map; my weapon of choice in the quest for better thinking.

Since then Mind Mapping has become the weapon of choice for millions more and every day is helping people of all ages to think better and, most importantly, as a tool for learning. In forging a more mentally literate world, we must focus on the future generations. We have to teach our children how to learn and how to use their whole brain, not just feed them subject matter. By learning how to learn, using tools such as Mind Maps, a child will gain confidence, their creativity will flourish and they will develop a more well rounded intellect.

I can think of nothing more relevant or worthwhile in today's society than aiding the education of the new generation and I applaud Phoebe Chen for this magnificent contribution to that task.

Tony Buzan

推荐序一

多年前当我还在大学里奋战时，我知道一定有更好的学习方法。于是我开始尝试各种不同的技巧，也开始画出一些基本原则的图并应用在跟思考相关的领域上，如记忆和创意。这些早期进行的实验形成了现在大众熟知的思维导图，它也是我在追求更好的思考方式时，所选择的最佳武器。

从那时候起，思维导图已经变成数百万人甚至更多人所选择的思维利器。现在每天，思维导图被当成一种思考工具，帮助各种年纪的人更好地思考，更重要的是，它也成为有助学习的工具。要打造一个更具心智能力的世界，我们必须把关注焦点放在下一代身上。必须教我们的孩子如何学习，如何运用全脑，而不是只喂他们各种学科的知识内容。学习如何学习，使用像思维导图这样的工具，孩子将对自己更有信心，创意更蓬勃发展，也为孩子建立完善且全方位的智能发展。

我想，在现今的社会，没有什么比帮助新一代的教育发展更重要的事了。我为陈资璧（Phoebe Chen）写的这本书喝彩，因为她所做的，正是我说的这件最有意义的事。

东尼·博赞

思维导图创始人、世界大脑先生

Foreword

It was my pleasure to meet and work with Phoebe who shows great insights into Mind Mapping and thinking skills. It is important to realise that if you can help people to think better, you will help them to be better. This book will do just that.

By successfully completing the ThinkBuzan Licensed Instructor (TLI) course in 2012 Phoebe has taken the next step to help change lives around the world.

Her passion for Mind Mapping and increasing world mental literacy is an example to all.

Chris Griffiths

CEO of ThinkBuzan Ltd

推荐序二

　　我非常高兴能认识 Phoebe，跟 Phoebe 一起工作。Phoebe 对思维导图及思考技巧有独特、深刻的了解。如果你能帮助人们更善于思考，你就会帮助他们过得更美好。这件事很重要，而且必须要了解。而你正在读的这本书，做的正是这个工作。

　　2012 年 Phoebe 成功完成了英国博赞思维导图思考应用认证讲师（TLI）课程之后，她的下一步，将开始帮助全世界的人们改变生活。

　　她对思维导图的热情，以及投入在提升全球心智能力的热忱，是很多人最佳的榜样。

克里斯·葛瑞芬斯

英国博赞思考中心 CEO

推荐序三

　　东尼·博赞在 1974 年发明了思维导图法，也开启了心智革命。今日，会使用思维导图的人预估超过 6 亿人，约相当于全球 10% 的人口。2009 年在第 14 届国际思考大会中，东尼与顶尖的教育家、政治领袖共同宣布：我们正处于智力世纪中。

　　在智力世纪中，我们需要的不是更多信息，而是需要运用脑力来处理已经获得的庞大信息。思维导图法正是一个运用脑力发展来获得及处理信息的现代工具。比尔·盖茨在 2006 年接受《时代》杂志的专访中，肯定思维导图将会在未来的信息连接及整合中扮演重要的角色，也会是创造新知识的利器。而当时比尔·盖茨说的未来，现在已经到来！

　　在 21 世纪，成功将属于那些学会如何用思维导图来思考、学习与创造的人。在人们的日常生活中，思维导图已经是生活的必需品。在新加坡学校里面，几乎每个学生都被教会如何使用思维导图；在富士、全录、香港银行与上海银行，以及惠普等全球顶尖企业中，思维导图经常被用在做决策、开会，以及规划未来等用途上。

我非常开心地看到陈资璧 (Phoebe Chen) 出版的这系列书籍，Phoebe 是少数晋升为博赞高级认证讲师中的一位。对于想要将大脑潜力发挥到最大的这群人来说，这系列的书籍将带领他们走在正确的学习路上。所有的思维导图认证讲师都正确地运用东尼·博赞的方式来教思维导图，Phoebe 的教导方式将让你的学习历程更快，也更有趣。我竭诚推荐这本书给你！

佃永宝 *Henry Toi*
博赞亚洲总部总裁
博赞亚洲总讲师

推荐序四

　　终于，这本自学手册出炉了！这本书为 9 岁到 99 岁的人，提供一个有深度的解说来说明如何学会东尼·博赞的思维导图法。

　　博赞思维导图法是一个视觉思考工具，帮助我们组织信息，并且做更好的分析、理解、整合、记忆以及想象。它运用了我们左右脑全部的皮质功能。很多国际性组织、全球顶尖大学及政府，包括微软、波音、花旗银行、迪士尼、麦当劳等在内的全球 500 强企业，都因为使用东尼的思维导图法而获益不少。其中一个著名的例子是美国康·爱迪生 (Con Edison) 公司，在 9·11 悲剧后，这家公司广泛地运用思维导图作为规划、组织的工具，成功完成重建曼哈顿的任务。

　　这不是陈资璧 (Phoebe Chen) 的第一本书。自从 2004 年 Phoebe 取得博赞认证讲师后，她一直是个热情且教学有效果的讲师。这几年来，她本着丰富的教学经验，不断致力于将东尼的脑力思维工具传授给很多学生、老师，以及各大企业。在这过程中，她也收集了很多关于学习、工作及生活上的实际应用案例。在这本书中，Phoebe 透过对思维导图技巧的崭新洞察力，无私地分享了她累积的宝贵知识。

在这里，我要恭喜 Phoebe，为她致力提供知识及方法来推广博赞心智能力，也为了她在全世界各地运用这个工具帮助大家改变生活。对于想要在人生中有新突破的人，以及那些想要达到不受限的成功人士来说，这是一本必读的书！

张渭民　*Eric Cheong*
博赞亚洲总部 CEO

推荐序五

　　得知 Phoebe 要出版思维导图方面的书，既兴奋、又期待。

　　认识 Phoebe 已有多年，她温柔婉雅的仪态、平易近人的性格，和她聊天既有如沐春风的感觉，也有丰富的收获。

　　1993 年我到英国进修硕士课程，机缘巧合地接触到东尼·博赞的 *The Mind Map Book*。自小迷上李小龙的我，热爱武术。看到博赞的书，严如获得了"脑林秘籍"，从此爱上思维导图这套学习和思考心法。

　　十几年来，它帮我完成硕士论文，构思出好几本畅销书，把我的教育培训事业打造得更扎实和更完善。只要是要动脑筋的事，我十之八九也会用这把"大脑万用军刀"去帮我解决问题。

　　你希望能提升学习力、思考力和竞争力吗？那么，

Phoebe 老师的这套思维导图著作就是你要找的"脑林秘籍"了。

一、Phoebe 是台湾地区目前唯一的博赞高级认证女性讲师，她对思维导图的研究与教学培训的经验非常丰富，心得独到。

二、本人喜欢阅读，尤其是对真正有分量、有内容、有独特见地的书，更是爱不释手。朋友，你希望学习或掌握思维导图这套"盖世武功"吗？无论你是学生、老师或家长，这套思维导图图书你绝对不容错过！

马彦文
香港博赞中心行政总裁
博赞资深高级认证讲师

Foreword

The two groups of people who would most benefit from Tony Buzan's Mind Map on the planet are teachers and students. So Phoebe Chen's, Buzan Licenced Instructor, inception of Mind Map for teachers and students is very appropriate and valuable one. Now the Taiwanese and Chinese speaking teachers and students world wide shall reap Mind Mapping technique true to Tony Buzan design. They should heartfelt thanks her for the rest of their intelligence lives.

Tanya Phonanan Tanya Phonanan.

Buzan Licensed Instructor

Director, Buzan Thailand

Thailand Top 100 Human Resource Award

推荐序六

　　在这个星球上，从东尼·博赞的思维导图受益最多的两个群体，可以说是老师与学生了。身为博赞认证讲师，陈资璧 (Phoebe Chen) 要将思维导图传给老师及学生们的初始想法是非常合适且有价值的。这本书的内容是针对东尼·博赞的思维导图法技巧而设计，全世界所有会华语的老师及学生们都将因这本书的精心设计而学会思维导图技巧，并因此获得满满的收获。Phoebe 所做的一切，所有师生终其智力活跃的一生将铭感五内。

谭雅·斐那南　*Tanya Phonanan*
泰国博赞中心总裁
博赞认证讲师
泰国前 100 强人力资源奖

初　衷

尽管窗外的天空顶着大太阳，在空旷的机场大厅里，却有着令人想加外套的寒冷。一个瘦小的身影，眼睛盯着广告牌上密密麻麻的航班时刻表，拉着皮箱的手，越握越紧。那是 2004 年，决心往梦想飞行的我。在家里经历"9·21"的巨变之后，鼓起勇气借了一笔钱，第一次只身前往英国，只为了心中一小亩刚发芽的梦田。

2010 年，高铁台北站，地上放着商务行李箱，座位前的咖啡还是温热的，我看着手上的高铁时刻表，思绪飘到十年前在新竹与台北之间奔波的自己。全公司唯一配备两部计算机的员工，每天走出公司迎接自己的不是月光就是路灯，好久没有跟朋友一起吃晚餐，好久没有好好睡一场觉。因为被要求 24 小时开机，手机发出的蓝光，总是一闪一闪的，仿佛暗示着随时会有紧急事情发生。虽然，紧急的事始终没在半夜发生过，但是，紧绷的神经也没有因此放松过。

就是这样的工作压力，让我开始了一连串的学习之旅，也就在那段时期，我先跟台湾当时唯一的思维导图认证讲师孙易新老师学习思维导图法，非常感谢亲切的孙老师悉心教导，让我的思维导图学习过程是由一连串的发现组成的。

原来，自己引以为傲的逻辑组织能力背后，是近乎萎缩的右脑功能……
原来，庞大的信息可以这么容易去芜存菁……
原来，用对了思考工具，可以让事情这么顺利清楚地进行……
原来，每天要处理的事情可以这样归类和整合……
原来……

这些发现以及正确的学习路径，让我在短时间内就成为思维导图的重度使用者。每天工作用思维导图，慢慢地，生活上也开始离不开思维导图。这种不知不觉上瘾的过程来得迅雷不及掩耳，一些心中小小的想法，也在工作中悄悄出现。

这么好用的东西，为什么知道的人这么少？

如果我在学生时代就会用思维导图，我读书会轻松很多吧……
如果我的老板、同事、客户们也会用思维导图，那沟通时大家都可以清楚地抓到重点……

在这些想法的背后，更具体的想法也跟着慢慢成形……

如果学生们都能用思维导图来读书、准备考试，那该有多好！
如果学校的老师们也用思维导图教书，那真是我们教育界的好消息！

如果上班族能用思维导图的思维来工作，一定轻松很多！

如果老板们会思维导图的关键思维技巧，处理起日理万机的要事，肯定会减少很多压力吧！

······

这些想法就像心里头一个个小小的声音，小声、不定期，但持续发酵着。直到那天，真的想为自己的生涯做点什么改变，一直在心底徘徊的这些小声音出现了：“我要去英国。”“对，我应该去英国考思维导图法讲师认证。”“这么好的东西，应该让更多人知道。”“我要把思维导图法推广到每个需要的角落！”

就这样，我在 2004 年去了英国，正式向源头学习并且拿到了博赞授权认证讲师 (BLI) 资格。因为脑中出现 Tony 的谆谆提醒，学习需要持续及坚持，2010 年初，我又再次到博赞亚洲总部 (Buzan Asia) 进修学习，并取得思维导图博赞高级认证讲师 (ABLI) 资格。

2010 年末，我写了一本书《你的第一本思维导图操作书》。这本书是我实现梦想的开端，因为我把学会思维导图的必经过程，步骤式地一一写进书里，也针对学生与成人的不同思维和需求，写了两本练习本《你的第一本思维导图练习本》学生版和职场版，供学习者搭配学习。随着思考方法及学习方法越来越受到重视，很开心看到有关思维导图的书籍越来越多，从东尼·博赞 (Tony Buzan) 的思维导图理论及应用系列，到海内外各种思维导图应用的介绍与分享，思维导图“成品”的案例很多，但针对学习思考过程，通过图文搭配，拆解成一步一步的操作说明，这还是第一本，也是最详细的一本。我希望这套学习工具书的设计，提供给老师一个可以运用的辅助教材，来教更多的学生；提供给父母亲一个有趣的学习媒介，来跟自己的孩子一同学习；提供给学生及上班族一幅学习地图，可以按图索骥，按部就班地学会思维导图。

想想自己的初衷，"我要把思维导图推广到每个需要的角落"。再想想，我一个人一个班能教多少个学生？一年能教多少班？这个影响力的数字是屈指可数的。而书的传播是无远弗届的，不管你在城市还是在乡村，在上海还是台北，在新加坡还是中国台湾地区，都可以借助这一本书，学会一个可能改变你人生的新思维、新方法。我不知道你是谁，我可能以后也不认识你，但我由衷希望这本步骤清楚的思维导图操作书，提供你一个按部就班，让改变发生的机会！

陈资璧　*Phoebe Chen*
博赞亚洲总部业务联盟发展经理&台湾代表
博赞高级认证讲师
2010.9 台湾·台中

操作书

学生
献给
老师
父母
上班族

学生
成人
练习本
诞生

开端
圆梦

2010

初

改变
发生ING
YOU!

衷

2004

梦想
太阳
机场 温度
航班 时刻表
手 皮箱

BLI
Buzan Centre
英国
2004

ABLI
Buzan Asia
新加坡
2010

转折点

出现
成形
法
想

回想
工作
学习

奔波
手机
MM
on call

台北
新竹
压力

重度 使用
发现

陈资璧   2010.台中

Philo Chen

作者序二

话　画

2001年我学了思维导图法。那年夏天，我在自己的设计工作室接到以前同事 Phoebe 的来电，电话的重点是他们公司要做网站设计，想请我执行设计方案，在碰面讨论的过程中，有着下面这样的对话：

Phoebe：我们公司是思维导图法的教育训练机构，David 你知道什么是思维导图法吗？

David：不知道耶！

Phoebe：那 David 你执行这个设计案，是不是也要了解一下思维导图法呢？

David：哦，说得有道理！

Phoebe：那来上课吧！

就这样，在一段短短对话中，我的设计费变成了思维导图法课程学费。

在台北六年的设计师生涯中，从小设计师到有自己的设计工作室，执行过大大小小的案子，设计师最重要的工作，就是在图像与意义间找到创意的连接点，呈现在视觉图像上，思维导图法于是成为我实验图像构想的平台。

在我们的教育中，图像可以说是失落的一环。想想当我们还是孩子的时候，多么喜爱画图！然而，随着年龄增长、知识增加，能认知很多东西的同时，也开始担心自己画得不像，甚至告诉自己：我就是没有画图的天赋。还好，坊间出现越来越多图像思考、图像记忆、用图来解决问题的书籍。这类书，唤起大家对图像的重视，也让我们重新意识到我们本来就生活在图像的世界，画图是我们与生俱来的能力。

我参与这本书的出发点非常单纯，我想借由本书中几个图像单元，提供一个方法给大家，用简单容易上手的方式，让更多人找回原本就有的画图勇气与潜力，更进一步让自己突破对形状的限制，扩张思考的创意与自由度。这本书借由思维导图法来告诉大家，画图原来这么有趣，画图原来不是小孩子的专利，只要你愿意找回你心里的那个孩子，画图是一个让大孩子、小孩子都可以玩得不亦乐乎的世界。分享给我的学生及各位！

卢慈伟 *David Lu*
2010.9 台湾·台中

I

阅读一张思维导图

　　面对一张五颜六色、信息丰富的思维导图，阅读的起点在哪里？一张思维导图的每个线条都透露着思维的脉络，本篇将告诉你如何阅读一张思维导图，从找主题、大标题到内容，通过有条理的阅读顺序让你理解当中所要透露的信息。

　　思维导图起源于 20 世纪 70 年代，为英国东尼·博赞 (Tony Buzan) 先生所发明。思维导图号称"大脑万

用刀"，是一种思维训练工具，也是一种改变学习方式的利器。根据世界多国的研究指出，在学习上，思维导图可以带来以下的帮助：

1. 增加学习动机及兴趣。

2. 增强组织力及逻辑思考能力。

3. 提升创意思维能力。

4. 提升问题分析与解决能力。

5. 提升理解力及学习能力。

6. 在大量数据中抓住重点，节省阅读时间。

7. 加速记忆的速度及改善长期记忆。

8. 提升阅读速度。

1 ////////////////////// 如何看思维导图

工人要盖房子，最好先知道什么是房子？房子是什么样子？我们想要学弹钢琴之前，最好先看过钢琴，看过人弹钢琴，听过钢琴的声音；如果更好的话，最好摸过钢琴，让手指试试按下琴键那一刻的触感。当你想学思维导图时，最好也先看过思维导图，并且学习如何看一张思维导图；有了"看"思维导图的经验与能力之后，我们学习"做"思维导图就事半功倍了。

看思维导图的三大步骤

一张五颜六色的思维导图，有人说很漂亮，有人说很生动活泼，也有人说看得眼花缭乱，不知从何下手？作者 Phoebe 老师多年前画了一张自我介绍思维导图，这张思维导图还被思维导图法的祖师爷东尼·博赞 (Tony Buzan) 评定为 A++。现在我们就用这张思维导图，来引导大家如何看一张思维导图。

A++!

Tony Buzan

陈资璧 2002.11.15.

看一张思维导图，可以简单分为三大步骤。

首先，看到思维导图，先找找这整张图最中间的地方，是不是有一个最大的图？这个位于中间，最明显的图像就是这张思维导图的主题，在思维导图中，我们称为中心主题 (Central Image)。Phoebe 老师这张自我介绍思维导图的中心主题画的是一个黄色的月亮，上面挂着一个浅绿色、中间有洞，看起来是圈圈形状的东西，上面写着很多 0 和 1。这个图像代表的是 Phoebe 老师的名字，想一想，Phoebe 老师的名字为什么要这么画呢？这个图代表什么意思？

看完中心主图之后，接着要看从中心主题延伸出来的第一阶线条。寻找的线索是：这些线条都直接连接中心主题，线条是从中心主题往外延伸，由粗到细，具备这些特征的第一阶线条在思维导图中称为主干 (Main Branch)。Phoebe 老师这张自我介绍思维导图有四条主干，分别代表自我介绍的四大项目："教育""工作""兴趣""梦想"，你都找到了吗？

找到主干之后，最后是接着依序看每条主干后面接的线条上面有什么信息，主干后面接出来的线条，全部都是细细的，这些线条在思维导图中称之为支干 (Sub-branch)。

看思维导图的三大步骤

1. 找中心主题

2. 找主干

3. 看支干

陈资璧 2003.11.15.

🐢 **思维导图学习站**

    1. 中心主题：位于思维导图最中间，是一个彩色的图，也是一张思维导图中最明显、最大的图。

    2. 主干：从连接中心主题，并且由中心主题往外做放射线状的延伸，由粗到细的线条。

    3. 支干：连接在主干之后，所有细细的线条。

思维导图的三种样貌

思维导图是由文字、图像和线条组成的，有的思维导图只有线条和图，完全看不到文字；有的思维导图只有线条和文字，一张图也没有。很多人问，到底怎么样做才对、才是最好的？其实，刚刚提到的都是思维导图，只是不同样貌的思维导图有不同特色和功用。

文字和图像具有不同的特质，所呈现出来的效果也不同。与文字比起来，图像更能吸引人们的注意力，特别是彩色的图。我们可以做个简单的试验，把一堆文字与图像混在一起，我们总是会先看到图 (如右图)。

图像除了具备吸引力之外，也容易激发好奇心，引起讨论。有句话说"一幅图胜过千言万语"，同一张图不同的人看，常常会看出不同的东西，有不同的解读，引起大家热烈的讨论。举例来说：下页左上这幅图是一位很厉害的设计师的作品！在这幅画中你看到了什么？

这是设计界非常有名的格式塔心理学家爱德加·鲁宾 (Edgar Rubin) 在 1915 年创造的鲁宾之杯。有人在当中看到了一个杯子；有人看到一个

花瓶；有人看到一个奖杯；有人说像一个建筑物的柱子；也有人说这是两个人在对望……

图像的开放性及多元性能激发无限的想象力，也正因为这个特质，与文字相比，图像在信息的表达上不够精确。文字在形式上的确看起来比较无聊，纯文本的书看久了容易进入昏睡状态，尤其是白纸写黑字的书，常常会让人一看就忍不住打瞌睡，但是文字在内容传达方面，可以表达得比图像明确，这是文字的优点。

综合图像、文字与线条的组合，思维导图可以分为以下三种形式。

（1）全图思维导图

由图和线条组成的思维导图，特色是画面呈现活泼、有吸引力，彩色图像配合线条引导的内容，最符合大脑的记忆原则，是三种思维导图中吸睛指数最高的一种。但需要特别注意的是，因为"一幅图胜过千言万语"，图像多元而开放的特色，在没人解说的情况下，容易造成众说纷纭的状况，所以全图的思维导图，适合用在有人解说内容的场合，例如自我介绍、亲手赠送卡片和上台报告等事项上。

下页图是台湾体育大学曾荃钰同学送给 Phoebe 老师的生日卡片。中心主题画的是生日快乐，开心收到礼物，迫不及待拆开的样子。

三个主干分别代表祝福、感谢，以及荃钰所看见的 Phoebe 老师。

红色主干代表感谢（手语的谢谢），感谢 Phoebe 老师在教学上态度亲切、相当用心、懂得看见需要、满足需要。

蓝色主干代表祝福，祝 Phoebe 老师小孩健康和天天开心。

绿色主干代表荃钰所看见的 Phoebe 老师，荃钰觉得 Phoebe 老师兼具了智慧（埃及智慧女神）、美丽和口才。

（2）全文字思维导图

由文字和线条组成的思维导图，特色是内容清楚，让人一目了然。适合用在信息需要清楚传达，而且没有人在旁说明的场合，例如：书面报告，

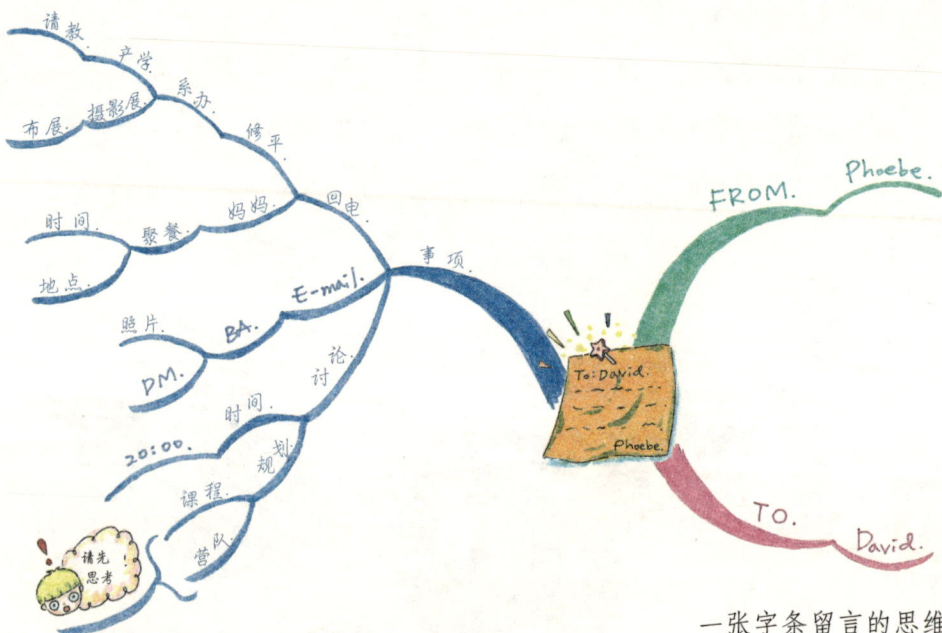

一张字条留言的思维导图

字条等。

（3）图文并茂思维导图

由图、文字和线条组成的思维导图，特色是内容表达很清楚又不失活泼，是最常见、也是最实用的一种思维导图。在这种思维导图中，图要加在重点中的重点之处。初学者常犯的错误，就是把图加在自己会画的关键词旁边，或是画上自己喜欢却与内容毫无关系的图。别忘了，图像可是比文字更能吸引大脑的注意力，所以让大脑第一个看到的，当然要是重点中的重点啰！

下页上图这个留言思维导图的重点在告诉David需要赶紧回电给系办，其中摄影展的布展是比较重要或紧急要处理的事。还有晚上八点钟要讨论课程跟营队的规划，特别重要的提醒事项是时间跟先思考这两件事，所以在"时间"以及"请先思考"两个地方加上图像提醒重要性。

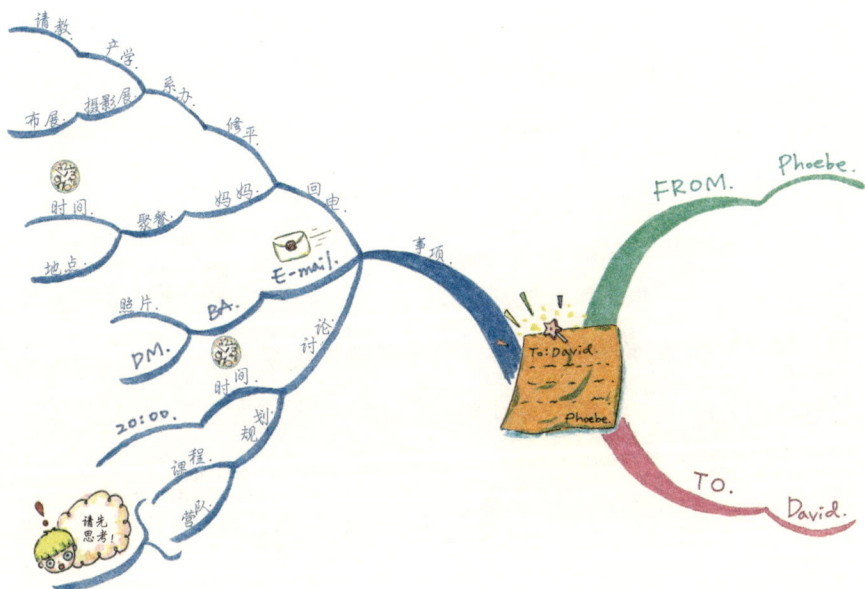

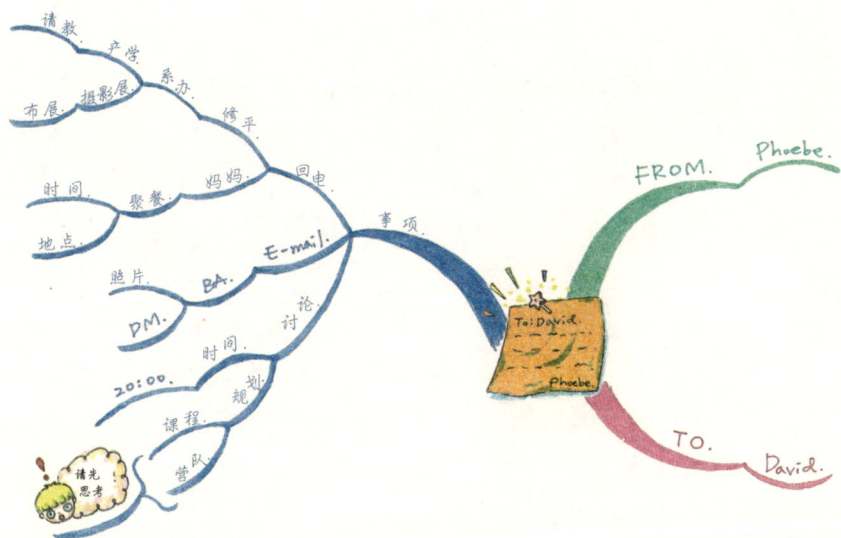

如果因为觉得"时间"跟"E-mail"很容易画，而直接在"时间"跟"E-mail"旁边画上插图，这样反而让重点失焦了，如上面这张思维导图。

如何解读思维导图

不管是哪一种思维导图，都是顺着看的顺序解读内容。重点是你必须很明确地知道：中心主题代表题目的意思，主干代表内容的最大项或最大类，接在主干后面的支干则是用来补充说明主干的内容。

有文字的思维导图很容易看，因为信息写得清清楚楚，全图的思维导图很"好看"，如果没有人在旁边说明内容，那思维导图俨然成了想象力的竞技场，看图的过程就更有趣了！现在我们就以Phoebe老师的自我介绍思维导图为例，来看看如何解读这张思维导图。

步骤一：先解读中心主题

中心主图画的浅绿色圆圈，根据Phoebe老师多年的教学经验指出，有90%的人说像甜甜圈……

Phoebe：这是浅绿色的。想想看，除了甜甜圈，还可能是什么？

学生：过期发霉的甜甜圈、抹茶口味的甜甜圈。

经过 Phoebe 老师的引导，还是会出现十分坚持的朋友。

学生：这个甜甜圈的确有点怪，上面写满了 0 跟 1。

Phoebe：这是个线索，0 跟 1 会让我们联想到什么呢？

学生：计算机、信息、101 大楼……

Phoebe：其实，这是有很多信息的璧玉，代表我的中文名字——资璧。

学生：那为什么有月亮呢？

Phoebe：月亮代表的是月神，也是我的英文名字 Phoebe。

所以 Phoebe 老师自我介绍思维导图的中心主题分别用"有信息的璧玉"及"月亮"两个图像来代表中文名字"资璧"以及英文名字"Phoebe"（月神）。

步骤二：解读主干

看完中心主题之后，再找主干。这张图有四个主干，分别代表要介绍的四大项目：教育、兴趣、工作和梦想。"厚厚的书加上学士帽"这个图代表"教育"；"一颗微笑的心"代表"兴趣"，因为兴趣是让人开心的事物；"三个金元宝"代表"工作"，因为金元宝象征钱，而赚钱的方法就是工作啰；最后一个图是

由"彩色的英文字母 Z"所组成，在漫画里，睡着的人头上总是会出现很多 ZZZZ，我画很多 Z 表示睡着了做梦的样子，梦就代表我的"梦想"，而且我的梦想是彩色的喔！

步骤三： 解读支干

分别由四个主干所代表四大项目往下解读。"教育"之后连接的支干上画了"彩色的 ABC"三个英文字。

Phoebe：看到"彩色的 ABC"这幅图能不能猜出以前我在大学是学什么的？

学生：ABC（大声回答）。

学生：外文系。

大声直接回答"ABC"，这是属于纯真的答案，多半来自年纪较小的看图者。而经过几秒的短暂思考后，或自信或试探性地说出"外文系"这种答案的时候，我们的大脑已经自动启动了翻译系统，这是属于比对经验后的答案，脑中可能思考过"在大学里主修 ABC 的是什么科系呢？"这个问题，大脑的数据库所储存的知识及经验告诉我们，在大学里主修 ABC 的可能是外文系或英文系，这个答案多半来自年纪稍长，已经累积了一定知识经验的看图者。

※ 若看不懂可以往下找线索

这些支干的信息中，最难懂的是"兴趣"这个类别的信息。左上角一个微笑的心，代表兴趣。从这颗心后面接出来的图像，我们可以很快看到的信息有听音乐、听演讲、泡温泉、看书和看表演，还有一个是……画了一个瓶子，这个瓶子究竟代表什么意义呢？

很多人都会卡在这里，如果你卡住了，可以再次仔细观察这个图像，同时也往后面的信息找线索。以这个图像为例，我们再仔细观察这个瓶子，发现瓶身上有花和草，往下看，发现后面接着两条线，上面一个是画燃烧的蜡烛，一个画着一双手。这时候我们的脑中开始组合这几个概念："跟花草有关的瓶子""燃烧的蜡烛"以及"手"。显然这瓶子装的东西，跟蜡烛燃烧与手有关系。这时候，也许有人已经联想出来了，Phoebe 老师的这个兴趣是精油（多数由花草等植物提炼而成），喜欢用精油来熏香（蜡烛燃烧代表熏香）和按摩（手代表按摩）。这个图像要能猜得出来，必须是大脑中有相同与相似的信息，可能是跟 Phoebe 老师一样的精油爱好者，所以容易联想，或是生活中有出现过这些信息的人，例如：精油销售员，有亲人朋友喜欢精油，或是生活中有发生跟精油相关的经验等。

※ 抽象概念图像化

把看不到、摸不着的抽象概念表达出来需要联想力。以"梦想"这个项目所接出来的信息为例：我们先是看到一个太阳和月亮，后面接着一个笑脸。Phoebe 老师要表达的是她的梦想是天天都很开心。"天天"这个想法是抽象的，要如何表达呢？Phoebe 老师用了太阳和月亮来代表白天和晚上，一个白天和晚上加起来是一天，后面的笑脸代表开心。

再往下看，Phoebe 老师的另外两个梦想分别是养狗以及同心爱的人环游世界。热气球代表旅行，因为喜欢特别的旅行经验，所以用热气球来表示，后面的地球和两个人，分别代表旅行的地点——全世界，以及旅行的人——两人结伴而行。

※ 选择对自己有感觉的图像

图中左下角金光闪闪的三个金元宝代表的是"工作"。工作这个概念可以用很多图像表示，像是公文包、拿着公文包的上班族、饭碗或是一大堆钞票等，选择上以自己熟悉、有感觉的图案最好，以便协助我们最快联想到代表的意义。Phoebe 老师选择金光闪闪的金元宝来表示工作，对 Phoebe 老师来说，工作除了是赚钱，也会让生命发光。后面接两条支干，代表主要的工作有两项，分别是"沟通"与"教学"。

思维导图记忆术的大运用

现在我们看完整张思维导图了。请跟着下段文字叙述操作，我们将让你看到图像记忆的潜力。

回想一下：你还记得 Phoebe 老师自我介绍的思维导图吗？记得 Phoebe 老师上大学念的是什么科系吗？记得 Phoebe 老师的工作有几项？内容记得吗？ Phoebe 老师的兴趣有哪些？梦想是什么？这些问题你都回答得出来吗？

自己回答完后请再次翻到这张思维导图，比对一下自己的答案完不完整？你一定很惊讶，在没有刻意背诵这些内容的情况下，竟然可以记住这张思维导图的内容！我们是怎么做到的？

现在，我们不妨再次观察看看，究竟思维导图具备什么特性，可以让我们的大脑轻松地记住所要传达的信息。

图像：与文字比起来，图像更能吸引大脑的注意力，也更容易让人记住。我们在回想内容时，大脑常常是先想到图像，再想到图像所代表的意义，只是这个过程往往快得让我们察觉不到。

颜色：大脑对彩色的事物是比较感兴趣且容易记忆的。思维导图的色彩运用，除了建议图像多多使用丰富的色彩之外，在线条和文字上需要做颜色管理，但可不是颜色越多越好哦！

分类：思维导图中的信息呈现，是经过分类整理的。例如：两样工作内容都接在金元宝所代表的工作之下，所有的兴趣都从微笑的心所代表的爱心图像接出来，在几个兴趣中，还可以再细分成看的（眼睛）、听的（耳朵）等，这经过层层分类整理好的信息，活泼又井井有条地放入大脑中，哪一天当我们需要提取出来时，也比较容易找到和记起来。就像我们家里的衣柜、办公室的文件柜或是计算机中的文档，衣服、文件若经过分类管理，我们可以比较容易也比较快地找到所需要的。

现在是个讲求营销的时代，从营销国家、公司、产品，到营销我们自己，在新同学、新朋友、新同事、新客户、新伙伴面前，你有没有把握让对方可以很快记住你？只要我们了解大脑接收信息的秘密，我们可以轻易记住别人的名字，也可以让别人记住我们需要对方记住的信息。而思维导图正是掌握了大脑的运作方式，在表达上吸引注意力，而且让内容信息容易记忆。

三种不同样貌的思维导图看起来的感觉很不一样。全图思维导图让我们一看就开心，在尝试看懂内容的过程中，猜得很有乐趣；全文字思维导图，一目了然，文字的精准特性，让我们立即掌握思维导图的内容；图文并茂思维导图，则是通过文字与图像的交叉运用，让重点看得更清楚。如果你还没有体会过自己看三种不同样貌的思维导图，现在就翻开《你的第一本思维导图练习本》，好好享受一下不同样貌的思维导图带给大脑的不同体验吧！

重点整理

1. 阅读思维导图三大步骤

a. 先解读中心主题；b. 解读主干；c. 解读支干。注意：若看不懂可以往下找线索。

2. 思维导图三种样貌

a. 全图思维导图：由图和线条组成的思维导图，特色是画面呈现活泼、有吸引力，彩色图像配合线条引导的内容，大脑最容易记忆，适合用在有

人解说内容的场合，例如自我介绍、亲手赠送卡片、上台报告等。

    b.全文字思维导图：由文字和线条组成的思维导图，特色是内容清楚，让人一目了然。适合用在信息需要清楚传达，而且没有人在旁说明的场合。

    c.图文并茂思维导图：由图、文字和线条组成的思维导图，特色是内容表达很清楚又不失活泼，是最常见、也是最实用的一种思维导图。

    3.思维导图之所以可以让大脑轻松记住信息，是因为思维导图中图像、颜色和分类这三个特性运作的结果。

    ※ 不妨比较一下条列式重点与思维导图重点提示的差异。

II

动手做思维导图

前言

本篇将带领你从准备工作开始，到完成一张正确的思维导图，包括基础逻辑思考训练、自由联想练习、观察力与关联性训练，以及思维导图法 BOIs 练习。思维导图的制作规则将通过一个个的练习过程，逐步让大家上手。

对第一次接触思维导图的朋友来说，这可能是你第一次动手画思维导图，本篇将提供一个学习路径，让你的学习可以一次正确到位；对已经是思维导图的爱好者来说，建议你可以用旧地重游的心情来阅读这一篇内容，让自己重温做思维导图的步骤，并检视自己的思维导图做得正确与否。

　　本篇采用步骤式的方式讲解，让你更容易、也更清楚地按部就班跟着做。如果你想要在看完这篇后，马上能自己做思维导图，唯一的诀窍是：认真地跟着动手做练习就对了！

2 ////////// 思维导图法的逻辑思考训练

分类没有标准答案，因为每个人的思维不同，目的不同，可以有不同的分组方式。虽然有了这个弹性和自由度，但是分类也不能乱分，每一个分类都需要依循逻辑的准则，多练习分类技巧可以训练大脑的逻辑及组织能力。

逻辑思考的第一块砖

分类，是逻辑思维的基础，帮助我们把事物以及思路整理清楚。我们要学思维导图的系统思考，就从分类开始学起。以下这十二样混杂在一起的东西，你可以把它们分类整理一下吗？

首先，我们来想想可以分成几个大类？把你分出来的大类，写在下面空白的线条上。如果你想到的只有两类或三类，那就写两类或三类；如果

你想到的不只四类，你可以自己加线条，把你想到的大类写在上面。

大部分的人看到这些东西，会开始自动联想这些东西之间的关联性。例如：在我们的生活经验中，苹果和香蕉都是出现在水果店的东西，一旦脑袋浮现出这样的影像联想后，我们就会想到"水果"这个类别，然后把苹果和香蕉放在"水果"这一类，"水果"类形成后，我们很容易照着这样的思考路线，看到橘子时，也把橘子放进"水果"类中。又例如：看到天鹅和大象，也许让我们想起曾经去过的某个动物园，或是某一本动物小百科这类的书，因为在记忆中，天鹅和大象都有出现在动物园或动物小百科里，这样的印象，很容易让我们把天鹅、大象和小鸟归在"动物"类。

依此类推，一般人最容易先想到将以上这十二样东西分成四大类，分别是"动物""水果""交通工具"和"球类"。

大类分出来之后，这些东西的分类很快就跟着分出来了。为了让

我们的分类更清楚，我们用颜色来帮忙。每个大类所使用的线条都要用同一个颜色，例如：蓝色的"球类"这一大类，后面的线条都用蓝色笔来画，上面再放彩色的图像，就像下图这个样子。

这张思维导图完成以后，这堆原本杂乱无章的东西，是不是看起来有秩序多了呢？

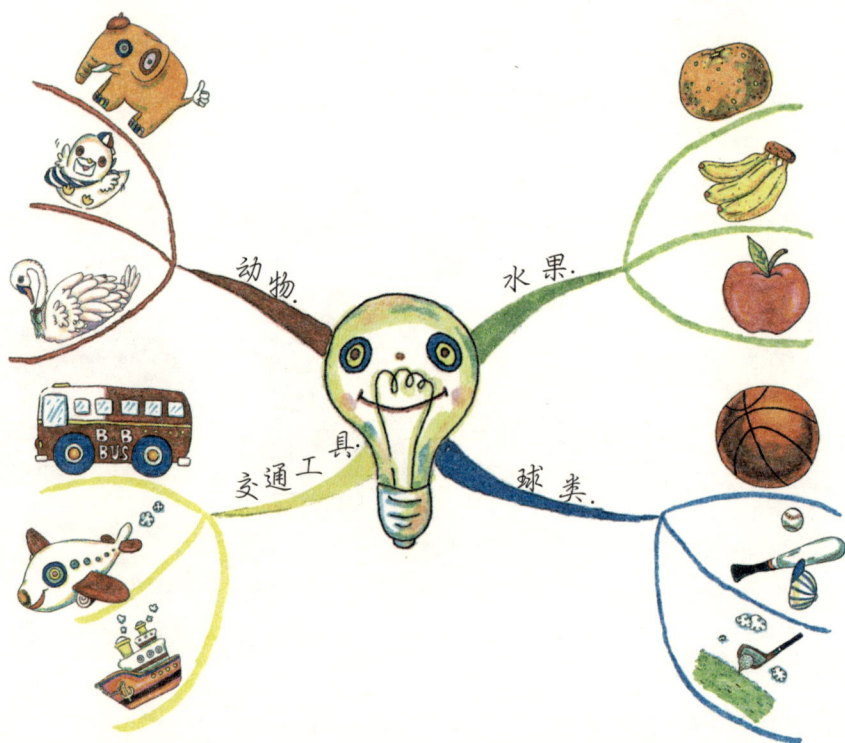

分类有标准答案吗？

同样一堆东西，只能有一种分类方式吗？

同一件事情，只有一种思考角度吗？

你的衣柜里面的衣服是怎么放的？
是分成上衣、裤子、裙子、外套，还是
分成家居服、外出服或制服？亲朋好友
的衣柜，分类的方式跟你一样吗？或者
你可以看看你的计算机里面，储存的数
据用什么方式分类，是用年份还是依照
功用来分？你的好朋友是如何分类的？
我想，每个人都有自己的分类方式，不
管分类方式为何，都只是为了帮助我们
方便搜寻和使用。

因此这一堆东西的分类方式不会只
有一种。例如：你可以用空间位置来分类，
把这些东西分成天上的，地上的以及海里
的；你也可以用颜色来分成冷色系和暖色系。
除了这几种,当然还有其他分类的方法。现在不妨试试看,你可以想到几种?

分类没有标准答案，因为每个人的思维不同，目的不同，可以有不同
的分类方式。虽然有了这个弹性和自由度，但是分类也不能乱分，每一种
分类，都需要依循逻辑的准则。

以下这个思维导图中存在着几种常见的错误分类，你能找出有问题的
地方吗？

> 这个飞机应该与巴士放在同一类。

> 不对，飞机应该和小鸟放同一类。

> 你很奇怪耶，飞机和巴士都是交通工具，所以应该一起放在交通工具这一类。哪有人把飞机和小鸟放在同一类呀？

> 你不懂啦，飞机和小鸟都会飞，当然是同一类的呀！

发现分类上的问题

问题一：放在"水果"类的橘子和苹果也可以放在"地上"这一类？

分析：分类最常遇到的问题之一就是分完大类后，发现有些项目似乎放在 A 大类也可以，B 大类也行，造成不知道要分在哪一类的问题。如果过程中发生了这个状况，那表示我们的分类有问题。

解决：重新想一想，当初的大类是依据什么分的？"天上""地上"和"水里"都是一种位置，或是物品摆放的空间，而"水果"不是位置或空间的一种，所以用来作为一种大类就不合适，容易造成混淆。所以把"水果"这个大类拿掉就可以了。

注意：如果原有的大类不够使用，可以依照这张思维导图的分类逻辑另外增加大类。例如："天鹅"的活动范围在水里也在陆地，这时可以新增一个大类叫"两地"，就可以解决这个问题了。

检测法：

检查看看有没有东西不知道放哪一类好？可能的状况是找不到合适的类别，或是有两种以上的大类都可以，而不知道选择哪一个？如果有以上状况，表示分类的方式需要重新思考了。

问题二："地上"后面接"篮球"再接"棒球"再接"高尔夫球"，看起来怪怪的？

分析：以分类的思维导图来看，主干写的是大类，属于这个大类的项目都直接接在这个主干之后，表示这些都是属于这个大类的。例如："飞机"和"鸟"都是在天上飞，所以两个都是直接接在"天上"之后。

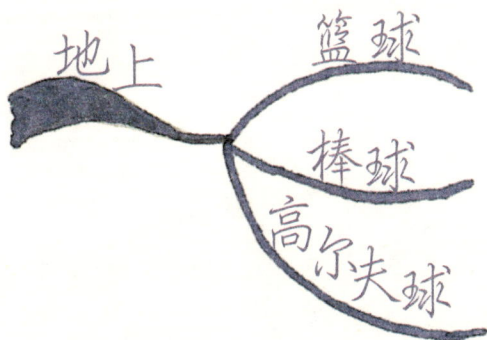

解决：如果以空间分类，"篮球""棒球"和"高尔夫球"三个都是属于"地上"这一类的，应该同时从"地上"这个主干接出来才正确，如上图所示。

分类再分类

同一类的内容如果很多，还是会显得杂乱，这时可以做第二层分类，如果需要的话，还可以做第三层分类，就好像我们会分大类、中类、小类的意思一样。

这样一层一层阶层化的分类让内容更清楚，我们的大脑在看这张图，以及在吸收信息时，也会更一目了然，更加快速。

多练习分类技巧，可以训练大脑的逻辑及组织能力，你还可以将这个技巧应用在生活中。试着将自己衣柜里的衣服分类放置，这样要找衣服会更方便；你也可以将自己的计算机档案分类整理，这样要找数据会更快速；你还可以把冰箱的食物分类放好，让食物更好找。想要运用分类技巧整理自己的大脑吗？在《你的第一本思维导图练习本》中，有不同的练习题，让你从基础开始到实际运用，循序渐进地提升自己的组织能力。加油，GO!

重点整理

1. 如何分类：分类要从自己累积的生活经验和知识中找线索。

2. 分类没有标准答案，但是需要有依循的逻辑来判断对错。

3. 如果某一大类东西很多，记得运用分类再分类的技巧。

3 ////////// 思维导图法的自由联想练习

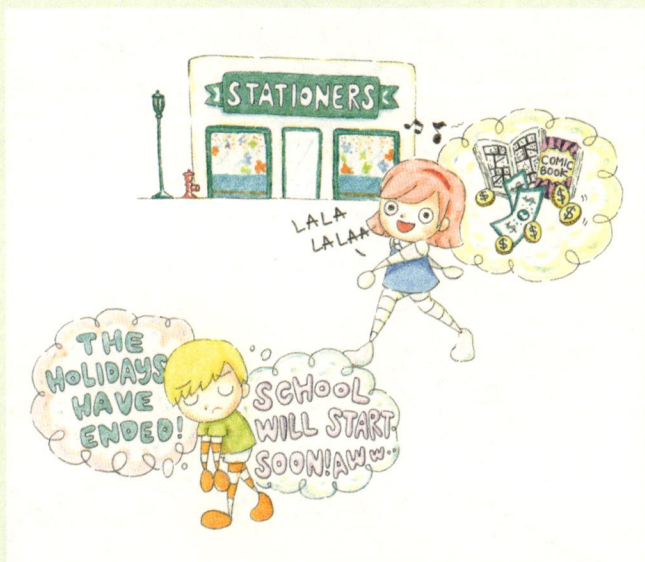

当你经过一家文具店时，你会想到什么？

是开心地想着："新的漫画出了哦，赶快回家拿钱来买！"

还是心情不好地想到："假期结束了，快开学了……"

为什么同样看到文具店，两个人却想到不一样的事情呢？

在这个单元中我们要做的是放松心情，抛开标准答案的紧箍咒，让我们深呼吸一下，把我们的想象力从大脑中释放出来，尽情地奔跑解放。

自由联想

放轻松，闭上眼睛，深呼吸一下，你也可以伸伸懒腰，让身体随意摆动，让你自己处在一个放松的状态。我们现在要做的练习是完全不受限的自由联想。

练习：联想接龙 Brain Flow

说明：看到题目，第一个从你脑袋中蹦出来的答案就可以写下来，然后**一个接一个想**，想到就马上写在线上，很自然的，不需要筛选，每个答案都是好想法喔！

题目：想到"书本"，你会联想到什么？

下图是 Phoebe 老师的书本联想接龙，跟你的比较看看，是否一样呢？

Phoebe 老师说：

我想到"书本"就想到"打瞌睡"，想到"打瞌睡"就想到"做梦"，想到"做梦"就想到"冰淇淋"，想到"冰淇淋"就想到"游乐园"，想到"游乐园"就想到"云霄飞车"，想到"云霄飞车"就想到"尖叫"，想到"尖叫"就想到"妈妈"。

★**提醒：每一个想法都是从前一个想法联想出来的哦！**

我们再看一个，下面这个是大伟老师的书本联想接龙，再比较看看，跟你的或是 Phoebe 老师的，有什么不一样呢？

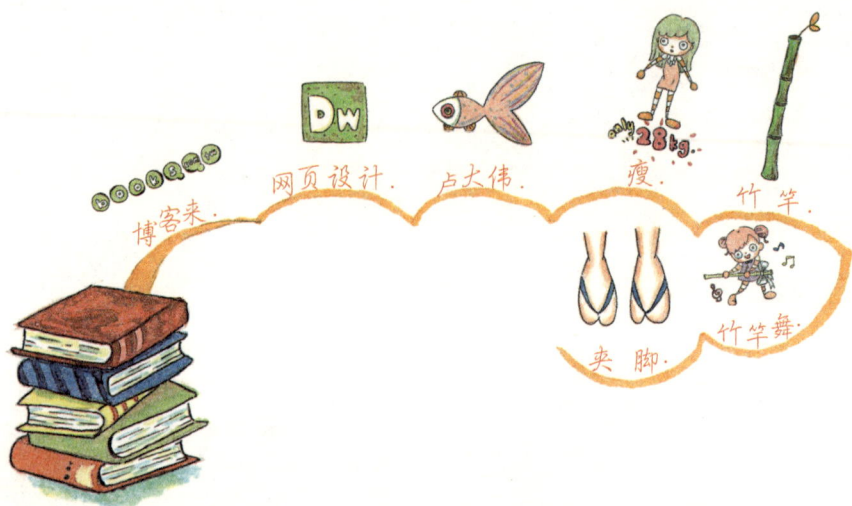

博客来　网页设计　卢大伟　瘦　竹竿　夹脚　竹竿舞

比较的结果

我猜，一样的应该不多，也许一两个，或是三四个，甚至于每个都不一样。别担心，这个的结果不代表你的想法是错的，也绝不是你的想法比较不好，这个"不一样"代表了我们的生活经验不同，以及看事情的角度不同。

Phoebe 老师的大脑是怎么想的：

⊙ 想到"书本"就想到"打瞌睡"，那是因为……以前教过很多看到书就打瞌睡的学生。

⊙ 想到"打瞌睡"就想到"做梦"，那是因为……以前看过的很多漫画都有画到打瞌睡做梦的情节。

⊙ 想到"做梦"就想到"冰淇淋"，那是因为……小时候做梦时，做过吃冰淇淋的美梦。

⊙想到"冰淇淋"就想到"游乐园"，那是因为……想起曾经在游乐园吃冰淇淋的经验。

⊙想到"游乐园"就想到"云霄飞车"，那是因为……去游乐园一定要坐云霄飞车！

⊙想到"云霄飞车"就想到"尖叫"，那是因为……云霄飞车上总是载了一堆尖叫的人！

⊙想到"尖叫"就想到"妈妈"。那是因为……这个大家都有经验吧，尖叫的妈妈在大街小巷以及电视电影中到处都看得到啊！

打瞌睡· 做梦· 冰淇淋· 游乐园· 云霄飞车
妈妈· 尖叫·

每一个想法，都有它的来由。Phoebe 老师做这个练习的思考路径，很多都来自于生活经验和她对事情的看法，相信你的每个想法一定也有你的"那是因为……"如果你可以说出每个想法的"那是因为……"那就对了！

因为每个人的成长背景不同，生活经验和学习过程也不同，看事情的角度自然不一样，所以针对同一个想法，所联想出来的内容当然也就不同啰！

对于同一个主题，有没有可能出现一样的想法呢？

当然可能，虽然我们每个人都是独一无二的，纵然有这么多的差异性，但还是有可能出现相同的想法。例如：一个东方人与一个西方人，成长环境不同，吃的东西不同，说的语言不同，受的教育也不同，但可能同时都喜欢画画，同样讨厌红色，或是都坐过云霄飞车，甚至于都做过被恶魔追的噩梦……如果大脑是一个庞大的数据库，所有的想法、知识、喜好和生活经验等都是储存在其中的数据，那么因为相同的经验或喜好，而出现一样或类似的想法，是很有可能的。如果你有兴趣相投的朋友，你们可能有很多想法是一样的；如果你们曾在同一座城市或是同一所学校读过书，那你们也可能拥有很多相同的经验，这些都可以使你们对于特定的主题，出现一样的联想哦！

增强记忆力的基础

看到这里，你还记得你刚刚写的那七个书本自由联想的想法吗？最后一个是什么？倒数第二个是什么？再前一个是什么？当你一个一个往前回想时，你会很惊讶地发现，刚刚随意想的七个想法，在没有经过认真复习的情况下，竟然可以倒背如流。"倒背如流"这项老师最喜欢要求且造成我们最多痛苦的事情，现在竟然可以轻松做到，而且一次过关。这是怎么一回事呢？

如果你做到了，再试试这个挑战：记得 Phoebe 老师的七个书本联想吗？这个挑战，也许有人可以过关，有人会卡住。最后再尝试回想大伟老师的七个书本联想，可以依序记得几个？最后这个尝试回想起来的内容恐怕是最少的，为什么会这样呢？

自由联想中的联想过程，具有可以增强我们记忆力基础的功用。每个想法中间的连接点，就像扮演一个个"钩子"的角色，只要你刚刚的练习是认真做的，是自己想的，现在这个钩子就可以做好把刚刚的内容一个接一个钩出来的工作。在自己亲自做的练习当中，钩子的力量通常比较强，因为思考的过程在"你"的脑袋中进行，所以你做的七个联想，几乎都可以回想起来。Phoebe 老师的联想虽然不是在你的脑袋中进行，但是我们知道她的思考路径，其中"那是因为……"这几个字就是扮演钩子的角色，帮助我们了解他人想法的由来，也因为这个缘故，对我们来说，Phoebe 老师的联想内容自然就比大伟老师的联想更容易记住。

要增强记忆力的方法跟技巧有很多，自由联想只是其中的基础，但是几乎所有的记忆技巧都跟联想有关系，打好基础，日后要学习记忆技巧时，就可以事半功倍！

有句话说，要开花才会结果，这句话用在解决问题及想法激荡上也很传神。接下来我们要做的练习，就是让想法更多元、更有广度的联想开花技巧。

练习：联想开花 Brain Bloom

说明：所有的想法都从题目联想出去，是从一个想到很多个的练习。记得，所有的想法都必须回到题目再开始。

题目：想到"书本"，你会联想到什么？

左下与右下这两张图分别是 Phoebe 老师和大伟老师对"书本"的联想开花练习，跟你做的练习图比较看看，有没有想法一样的？

Phoebe 老师对"书本"的联想开花练习

大伟老师对"书本"的联想开花练习

比较的结果

有没有观察到在联想开花的练习中，比较可能出现与别人一样的想法？虽然我不知道你的练习中有哪些想法出现，不过从 Phoebe 老师跟大伟老师的练习中，我们可以发现有两个一样的想法，分别是"诚品"及"知识"。两人出现一样的想法，原因有两个：

（1）可能是两人的大脑数据库中装着相近的知识、看法或生活经验。

（2）因为所有想法的起点一样，所以想法一多，就容易出现相同的。

共通性高，容易找到共识

做的练习数量越多，越容易发现联想开花的思考比联想接龙容易找到跟别人一样的想法，因为联想开花的思考具有共通性高的特点。如果做了七个练习还没发现跟别人一样的想法，你可以继续往下想，试试看想十个、二十个，甚至更多。

当你跟别人的意见不同而产生争执时，不妨用联想开花的技巧让自己多些想法，说不定很快可以找到两人想法的共通点，而达成共识哦！举例来说：星期六下午，你跟朋友约了要一起出去玩，你想看电影，可是你朋友想去打球，两个人想做的事情不一样，怎么办呢？不管谁听谁的，总有一方觉得是自己在配合对方的想法，有没有可能一起去做两人都想做的事呢？这时，你不妨跟你朋友玩一个联想开花的游戏，题目就定为"星期六下午想做什么？"

打羽毛球.
看电影.
吃冰.
玩游戏
睡觉.
溜冰.
上网咖.
逛街.

打球.
游泳.
吃东西聊天
逛书店.
睡觉.
爬
逛唱片行.
玩游戏

星期六下午想做什么?

假设你们的想法，就像上面这两张思维导图所呈现的一样。

从上图这两张思维导图中我们可以看出：

解决方案一： 从 绿色区块 我们可以知道两个人都想要"玩游戏"跟"睡觉"，星期六下午如果不想只是在家睡觉的话，可以一起玩游戏，或约好先睡一觉再一起玩游戏。

解决方案二： 从 黄色区块 我们可以看出其中一人想"逛街"，另一人想"逛书店"跟"逛唱片行"，逛街当然也可以逛到书店跟唱片行，所以如果两人讨论后没问题，出去逛逛也可以视为解决方案之一。

解决方案三： 蓝色区块 是"吃冰"和"吃东西聊天"，问问想吃东西聊天的那一位，如果可以去吃冰的话，两个人就可以相约一起去吃冰聊天啰！

解决方案四： 橘色区块 是"打球"和"打羽毛球"，如果想要打球那位也可以接受打羽毛球的话，问题也可以很快就解决了！

创意：从很多不受限的想法开始

"手机除了拨打和接听电话，还可以做什么用？""电视除了看节目，还可以做什么用？"针对这些问题做联想开花练习，你想到几个点子？

手机开始问世时，就只是移动电话的概念，方便我们在外头时可以接听跟拨打电话，当时恐怕谁也没想到手机还可以当收音机、当相机，还可以拿来上网、看影片、玩游戏，甚至看书。有时让脑袋空白一下，会有更多疯狂点子进来，不要排斥看起来不可能、怪怪的或是愚蠢的想法，这些可能是会让你飞向未来的好点子，一时的突发奇想也可能变成令人惊艳的新产品。

弹性，多元性，包容性

礼物当然是越贵越有价值啊！

吃完烤肉一定要来一杯可乐嘛！

你很奇怪耶，这件事明明就是这样，你怎么会……

哪有人这样做的，这种事本来就应该……

……

你是不是常常听到类似**"当然是""一定要""明明就是""本来就应该"**这几个习惯用语。这些用语用久了，我们的弹性也会渐渐地越来越少。如果你常说这类的话，不妨多练习联想开花，让我们的想法更宽广些。这个练习训练会让我们针对同一个主题，产生很多很多的想法。诸如：一种食物不只有一种吃法；去图书馆的路不止一种走法；一个数学题目可能有多种解法；一篇文章有多种写法；一件事可以有很多思考面向；一个问题也不只有一个答案。

　　不同的人，不同的脑袋，装着不同的成长背景，不同的生活经验，产生不同的想法，这是正常的。常常做联想开花练习，会让我们的想法更有弹性跟多元性，因为想得多，看得多，对很多事情渐渐见怪不怪，遇到不同的意见或想法，也开始能理解跟接受，无形中你会发现，自己的心胸更开阔了，跟他人之间相处的包容性也变大了。

脑袋卡住了怎么办？

　　"在思考的过程中，脑袋卡住了怎么办？"这是每个人迟早都会遇到的问题。

　　如果我们没有持续增加知识，累积经验，难免会有被困在框框里的感觉；就算我们是个勤奋的学习者，也不断在累积新的生活经验，一件事情想久了或是想累了，也会出现脑中突然一片空白，转不动的停滞感。以下提供几个让想法破框而出的方法给大家试试看。

（1）从关联性着手

　　找"相反的""相近的""相关的"。

　　举例来说，如果主题是"天才"，相反的可以想出"白痴""笨蛋""傻瓜"等等，相近的可以想出"聪明""智慧""天分""神童"等等，相关的可以想出"榜首""跳级""骄傲""好成绩""学习快"等等。

（2）让与生俱来的五感来帮助我们

　　也就是从眼、耳、鼻、舌、身五个感官产生的视、听、嗅、味、触觉，再加上心所产生的感觉，总共六感。

同样以"天才"为主题举例来说，透过六感可以联想到"白净的""帅""眼神""慧黠""犀利""表达流利""贝多芬""多种语言""香""舒服的味道""好皮肤""有刺的""气质""自信"等等。有人或许会问："如果某个感官想不出来怎么办？"我会说："那就让他维持想不出来吧！"因为真的想不出来，也不要紧，不必勉强，也不要把自己搞得紧张兮兮，压力太大反而不好。别担心，我们还是有很多出口可以让想法出来。

（3）从 5W3H 联想

也就是从人 (Who)、事物 (What)、时 (When)、地 (Where)、为何 (Why)、方式 (How)、数量 (How many)、多少钱 (How much) 这个范围去想。

同样以"天才"为主题举例来说，这个方法可以让我们想到的可能有"莫扎特""达·芬奇""爱因斯坦""比尔·盖茨""电影""一流大学""达·芬奇密码""高薪""有名""媒体报道""小时候"等等。

以上提供的方法给我们很多激发想法的刺激点，对不同的人、不同的主题有不同的功效，不必执着每个刺激点都要找到对应的想法。

联想如何应用在学习上？

★配合画面，加入五感，应用谐音的联想来记忆。

例如：八国联军是哪八国？用大脑想象一下这个画面：八国联军打仗时，大地万物都被战火摧毁，地面上已经没有任何东西可以吃了，这时抬头望向天空，看见一只老鹰，仿佛看见食物的希望，脑中出现，嘴巴念出"饿的话每日熬一鹰"，代表"俄德法美日奥义英"八个国家。加上五感的做法会让画面更有临场感，记忆更深刻。在构想这个画面时，你要真的身历其境，看到战火，看到战争带来的一片废墟，听到炮火隆隆以及人们逃命的尖叫声在你身旁响起，闻到战争中的硝烟味、烧焦味，饿到啃难以下咽的树根，手摸过断垣残壁，感觉到被战火蹂躏过的温度……你可以创造属于你的八国联军画面，自己创造的，往往记忆更深刻。

★运用联想接龙＋谐音，编成故事来记忆需要按照顺序的内容。

例如：要记忆生物科中动物的分类阶层"界门纲目科属种"，你可以编一个故事来记住：世界（界）的大门（门）材质是不锈钢（纲），上面挂木刻（目科）吊饰，是珍贵的树种（属种）做的。同样的，用自己编的故事，加入五感，画面越活泼好玩，效果越好。

★善用"相反的""相近的""相关的"联想。

例如：背英文单词时，背到 buy（中文翻译：买）这个单词，可以把 sell（相反的单词），purchase（相近的单词），shop、credit card、market、deal

（相关的单词）等一起记下来。读到历史甲午战争时，可用相近的以及相关的技巧将清朝发生的几个战争都一起整理起来。

★ 用 5W3H 有系统整理知识内容。

例如：每个历史事件都可以用发生的时间、地点、相关的人物和事件的内容——原因、经过、结果和影响等几个思考方向来抓重点。

一旦熟练了，应用可以千变万化，越应用发现越多，越用越得心应手，除了以上举的例子，你还可以想到哪些应用？

思维导图学习站

在这个单元的练习中，你观察到哪些思维导图的制作呢？

1. 思维导图的文字都是写在线上。

2. 思维导图的文字写的方向都统一，都是由左到右。

3. 思维导图的文字，用的颜色跟线条一样。

4. 思维导图的图是彩色的，有趣的。

让想象力自由奔驰的感觉很过瘾。想法一个接一个的联想接龙 (Brain Flow) 做起来很简单，没有负担；由一个想法联想出很多想法的联想开花练习 (Brain Bloom) 可以挑战我们想法的广度，想出来的数量越多，思考的广度也越大。如果你的脑袋常常在自由联想，你在这个单元的学习目标可以订在借由自由联想训练思维导图的基本画法；如果你是个很擅长逻辑联想，而且平常不太允许自己的脑袋乱想的人，那建议你好好通过这个单元，让你的想象力出来透透气。不管你的脑袋是处于哪一种状态，建议你手脑并用来做这个单元的练习，我们在《你的第一本思维导图练习本》中为你设计了一些题目，好好享受让想象力自由奔驰的畅快吧！

重点整理

1. 自由联想没有标准答案，也没有最好的答案，每一个从脑袋中飞出来的想法，都可以被接受。

2. 联想跟我们的生活经验以及每个人看事情的角度有关系。人不同，脑袋不同，想法不同，经验不同，所以想法也就不同！

3. 每一个人的想法都是独一无二的，都需要被尊重。

4. 联想接龙要一个接一个，每一个想法都是从前一个想法直接联想出来的。联想接龙可以提升我们的记忆力和推演能力。

5. 联想开花是针对同一个题目，想到很多想法。联想开花可以训练我们的创意，提升想法的弹性、多元性跟包容性。

6. 脑袋卡住了可以从以下几个方法着手：找相反的、相近的，相关的思维，让五感帮忙，加上第六感——心的感觉，或是从 5W3H 联想。

4 // 思维导图法的观察力与关联性训练

　　同样的选择，不同的观察，有不同的观点和说法。这样的练习，训练我们思考时加快关联的速度，对同一件事产生更多思考角度。

　　这个章节中，我们会做许多"没有标准答案，却有对错"的练习。"没有标准答案"是很多人难以突破的思维习惯，准备好，我们即将打破你的思维框架。

观察力

"有人去过 7-11 吗?"这个问题听起来很蠢,如果我在演讲场合问这个问题,遇到一群认真听讲的听众,恐怕会有非常多人争相举手;如果我在大学里演讲,恐怕大家会齐声跟我说:拜托,谁没去过 7-11 啊!所以,我想这个问题最好修正成"有人没去过 7-11 吗?"会好点。曾经有位朋友跟我说,当年参加考试,因为答不出"7-11"招牌的正确颜色及形状,就从第一志愿掉到了第二志愿。当时听到这件事时,我心想:你没去过 7-11吗?就算没常去,也应该常路过吧?大街小巷几乎都可以看见 7-11 的醒目招牌!回头再想,那我自己知道 7-11 的招牌颜色吗?嗯……好像有红色、绿色、橘色,还是黄色?发现自己虽有印象,但无法很精确地说出哪种颜色及各种颜色的分布。

看到这里,你能正确无误地画出 7-11 的招牌样子及颜色吗?可能有不少人跟我一样,有印象但不十分确定,可能有一批人已经迫不及待想冲到街上去看个究竟,反应很快的一群人已经在包包里找早上去 7-11 的发票了。这个现象很正常,我们对于生活周遭的事物,常常是视而不见,看了如同没看见。不管是文字、图片还是声音,如果每天通过眼睛进入我们大脑的信息有成千上万,而我们却处在朦朦胧胧的状态,未免太可惜了!

这个单元,我们将通过视觉练习,来增强我们的观察力,让我们从看到变成看见。

大家来找碴

这个游戏，我们从小玩到大，还是乐此不疲。简单好玩的游戏，可以是训练观察力的基础，试着在下面这两张图中，找出三个不一样的地方。做完这个练习后，如果还觉得不过瘾，就翻开《你的第一本思维导图练习本》，继续找碴去！

哪个最奇怪？

要培养敏锐的观察力除了能看出表面的不同之外，还要能看出意义上的不同。表面的不同比较容易发现，像是颜色、形状、花样等等，也比较没有争议。要发现意义上的不同，除了需要更细微的观察，还需要经过思考、组织想法，再清楚表达出来。

思考的角度不同，观察的结果也不一样，所以这没有标准答案，只要是你观察到的，说得合理的，都是可能的答案。

　　下面有四张图，试试看从四张图中找出一张不同的图，并说明为什么以及哪里不同。

A

B

C

D

可能的答案有——

D 不同，因为只有 D 有人物出现，其余皆是建筑物和大自然。

D 不同，因为只有 D 看起来是城市，其余都是乡村景色。

B 不同，因为只有 B 的房子看起来像是出现在童话中的，其余都是现实生活看得到的房子。

以上有两个答案都是 D，但说明却不同，因为观察的角度不同，思考的过程不同。这两个答案都是可以被接受的，也就是每个问题的答案可能都不止一个，重点是你能不能说出"哪里不同""怎么不同"。

关联性

达·芬奇的七个天才思维中，其中之一便是训练自己的关联性思考。小到看似不相关的两个东西、两件事，大到遇到问题时，复杂的因果及影响，你能不能让这些思维产生关联呢？我们的思考，如果总是停留在一个点、一条线，那未免太小看我们的大脑了。为了避免让我们的脑袋被大材小用了，日常生活中可以常常做些关联性的练习。记得，先个别观察，再找关联性。

两两相连

从两个事物或两件事中，找出之间的关联性。例如"眼镜与玻璃杯有什么关系？"我拿这个问题去问过很多人，最常见的回答有：

都是玻璃做的……

都是透明的……

都是一摔就破……

都是圆的……

都要花钱买……

英文都是 glass……

这些回答多半来自学生、已经在工作的职场人士，也有一些在家相夫教子的家庭主妇。其实这些答案指出的都只是两个东西的共通点，可是题目问的是"眼镜与玻璃杯有什么关系？"所以可能是共通点，也可能是不同点，或者是他们的关联性。我还听过以下的答案：

眼镜是两个圆，玻璃杯是一个圆……

一个是用嘴巴喝，一个是戴在眼睛上看……

眼镜是个人用品，玻璃杯是大家都可以用……

用玻璃杯装热茶时，戴眼镜喝水会雾掉……

玻璃杯会把眼镜压碎……

以上这些答案多半来自于思考不受限制的人，其中又以小孩子居多。大家普遍认为年纪越小越没有框架，能想出的答案一定越多。这句话对，也不对。年纪越小，大脑越接近出生的状态，像一张白纸，没有任何先入为主的观念，没有限制，也不怕错，所以产生的想法都会勇于说出来。当我们年龄渐渐长大，每天每年都吸收不同的知识，经历各种生活经验，这些一点一滴的知识和经验都会被放进我们的脑袋中。所以理论上来说，随着年纪渐增，大脑储存的数据越来越多，也越来越丰富，看到两项事物，产生的关联"应该"更多元，可是为什么同一个关联性的问题，从大人口中蹦出来的回答却比较少，或是比较单一？

从上一个练习的范例看来，这个问题显然是成人的大脑被拿回去分析归纳，所以说出来的答案大多是分析归纳出来具有共通性的回答。如果你想到的也是这些共通性的答案，表示你的大脑有过很好的分析归纳或组织逻辑的思考训练，但是少了些勇敢的天马行空跟灵活思维。有时候不妨放心地让你的想象力带头，在不设限的游戏规则下，出现的可能性之多之丰富，会让我们惊叹！

关联性的基础小练习可以常常做，把脑袋磨光、磨亮。不妨在每天的日常生活中，走路也好、坐车也好，随意找两件东西练习一下，题目可以信手拈来，你眼睛看到的任何两样东西都可以拿来练习。越不相关的题目越好，但千万不要把时间花在去想这个题目到底好不好、合不合适上，请记住：练习就对了！

"五感 + 关联性" 应用在写作上

曾经在一场演讲中，听到作家王文华将投资策略应用在谈恋爱上：投资的难度在于景气好时，怎样做到保值；景气差时，怎样做到增值。就像谈恋爱，行情好时懂得保持行情，行情变差时，懂得做些为自己加分的事。股神巴菲特说，不了解就不投资，要学会对投资目标物说 "NO"。我们谈恋爱时，对不了解的人不要轻易付出感情，也要勇于对追求的人说 "NO"。王文华对投资与恋爱的观察细微，对两者之间的关联性发挥更是令人啧啧称奇。

这个有趣的说法是我在 2004 年一场《简单工作，简单投资，简单爱》的演讲中听到的，因为当时用思维导图把演讲内容记下来了，所以对其中精彩之处，至今仍然印象鲜明。

看似不相关的两样东西，通过细微的观察产生创意的关联性，往往能产生令人耳目一新的效果。以上述王文华的演讲为例，"谈恋爱" 与 "投资策略"原本是两件不同的东西，但是经过观察与思考后，发现某些投资策略跟谈恋爱有一些共通性，这两者产生的巧妙联想，令人莞尔。

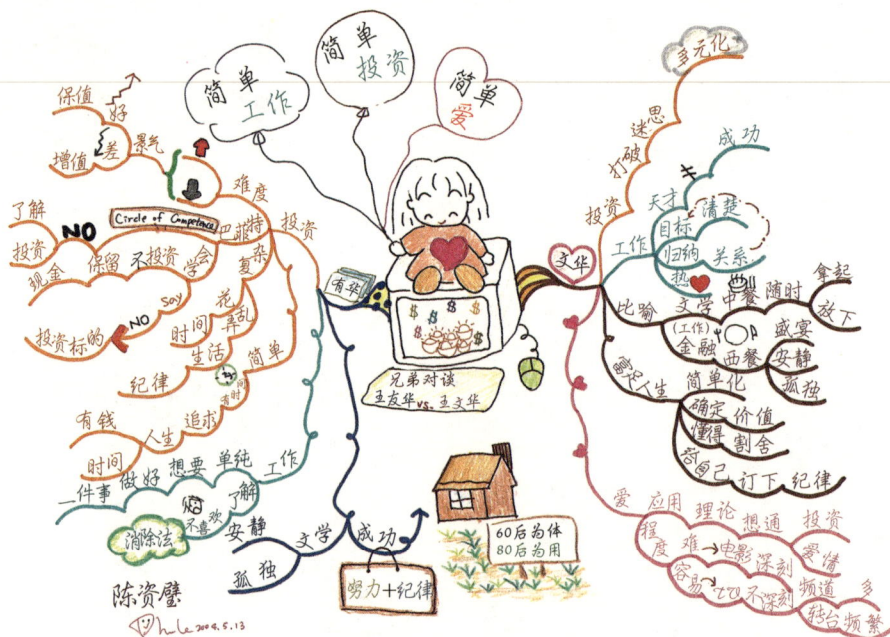

写作时，不妨常用这样的关联性技巧来做创意的比喻。举例来说："我的妈妈"可能是每个人都写过的题目，大部分的文章都是这样写的：

我的妈妈像太阳，给我们温暖……

我的妈妈像月亮一样照耀我们……

我们来试试运用关联性技巧，可以让我们写出什么不一样的文章？当我们观察、思考关联性时，如果脑袋一片空白，可以从五种感官带来的刺激着手。我们不妨来练习"保温瓶与妈妈有什么共通性？"这个题目，记得让五种感觉发功，先观察再找共通性的要诀，从你看到的外观，听到的声音，摸到的感觉，闻到的气味，尝出来的味道等，再加上你心里的感受，你想到了哪些？

都是外冷内热……

一样很耐用……

生活中不可或缺的东西……

有机会就会吐苦水……

以上这几个关联，可以让我们用以下的方式简短描写我的妈妈：

我的妈妈就像保温瓶，外表看起来冷冰冰，可是内心永远热乎乎。不管遇到什么事，我知道，都可以到妈妈那里取暖。在我心中，妈妈跟保温瓶一样耐用，也一样是生活中不可或缺的。不过，妈妈也是人，有机会还是需要吐吐苦水，就像保温瓶中的水，装久了，需要倒出来换新的，这样才能永远保持热度。

这样的描写可长可短，每个关联想法，都可当作小主题来发挥。

我们还可以做"保温瓶与妈妈有什么关联性？"这种有相关性的练习，也许这时候你的脑中会出现夜晚妈妈拿着保温瓶为你冲泡牛奶的身影，也许是下班后的妈妈穿梭在百货公司的电器部门中，只为了帮你找一个好携带、耐用的保温瓶……这些景象，都可以让你说出一个有感觉的故事，写出一篇言之有物的动人文章。

做完两两相连的练习后，我们接下来做进阶的关联性练习。也许你已经发现了，我们做的关联性练习，答案通常不止一个。只要你观察到的，或是可以产生关联的，都可以是一种答案。

五中选三

现在我们要做的是从以下五张图中，任意找出三张有关联性的图，并说明与什么相关。

A

B

C

D

E

我选的是 ACD，因为都有出现人物。

我选的是 BCD，因为都与节庆相关。

我选的是 BCD，因为都与 Party 有关。

我选的是 ACE，因为都与宫廷生活有关。

同样的选择，不同的观察，有不同的观点与说法。这样的练习，可以训练我们在思考时加快关联的速度，对同一件事产生更多思考角度。

这个章节，我们做了很多"没有标准答案，却有对错"的练习。"没有标准答案"，这是很多人难以突破的思维习惯。从小到大，面对问题时，我们都被训练要很快地找到答案，而且是标准答案，或是一个最好、最合适的答案。说起要答案，脑中通常会自动启动寻找"一个标准"答案，偏偏这个章节的训练是要打破以前的这两个框框。所以，刚开始跟着做练习时，也许你的思维会出现一点怪怪的感觉，甚至有一点不舒服，有很多问号在心中。

"为什么同一个问题要想那么多答案呢？"
"到底哪一个答案是最好的？"
"能不能直接告诉我答案就好？"

如果出现第一个和第二个问题，那表示这个练习在你的大脑中产生作用了，他发现这次的思维怎么跟以前不一样了？如果你出现第三个问题，那你得注意一下自己的思维习惯了，是不是习惯等别人给一个答案？习惯向别人要答案？不管这个习惯怎么养成的，请改掉它，因为这是一个让你"不思考"的习惯，从不想思考、不愿思考到不会思考，这是一个危险的习惯养成路径。

如果你做这些练习时，在思考多种可能性的过程中出现不舒服的感觉，恭喜你，你正在渐渐扩张你的思维舒适圈。从不习惯、不舒服、怪怪的感觉到习惯自在的思维，那表示你的舒适圈又扩大了。我们的思维舒适圈越大，越能看见并且包容多种不同的想法，你越能包容不同的想法，就越有机会听见不同的声音；你听见越多不同的声音，你的生活、见地也无形中一天比一天更广阔。而且，很棒的是，当你在看这本书、跟着做练习的同时，这件事正在发生中。

所以，就是现在，赶快打开《你的第一本思维导图练习本》，继续做更多的练习吧！

重点整理

1. 从日常生活中，随时随处练习观察力，不只要"看到"，还要"看"。

2. 思考的角度不同，观察的结果也不一样，学习理性地理解并接受他人与自己思维的不同。

3. 关联性思考训练：先个别观察，再找关联性。

4. 保持思考的弹性，扩张自己的思维舒适圈。

第 51 页解答

5 /////////////// 思维导图法的 BOIs 练习

　　思维导图既然标榜 9 岁到 99 岁的人都能学，那表示做一张思维导图，很简单，只要你愿意开始动手做，不要想太多，不要想着等到我把思维导图的精髓全部都学会了再动手，这个想法会让你找不到起点。所以现在就跟着这个章节开始做一张思维导图吧！

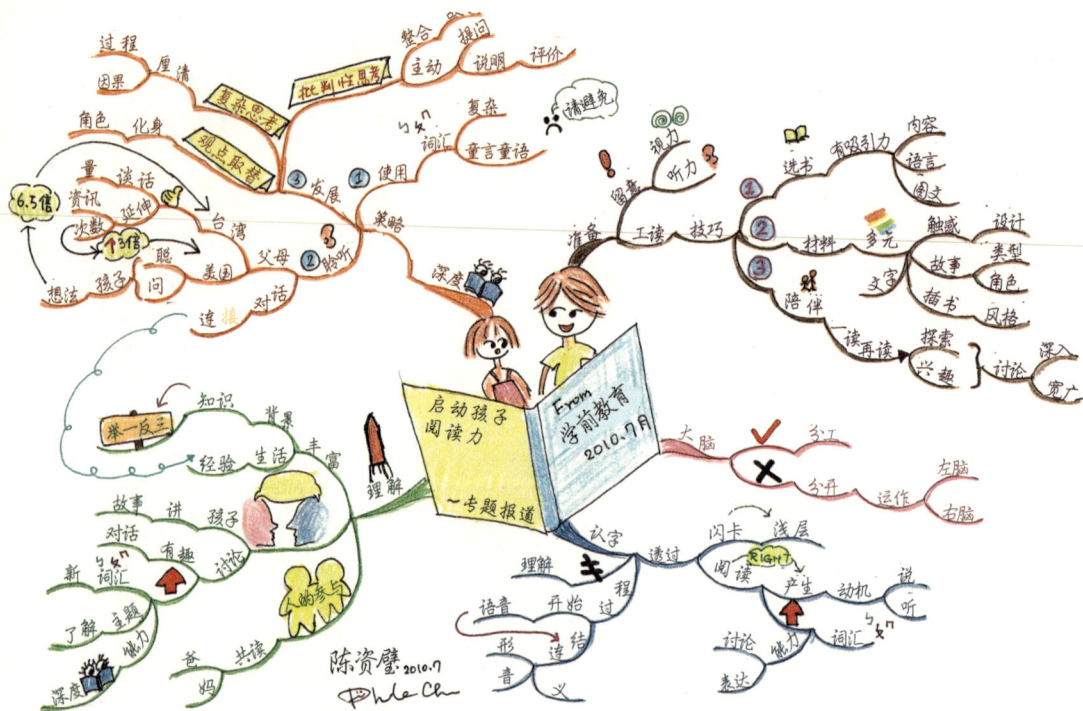

这是一张思维导图笔记，第一眼你可能看到一张花花绿绿、有图有字、图文并茂的思维导图，这时，进入我们眼中的是这张思维导图的表象层次。第二眼，你可能观察到上面写的这些字好精简，而且彼此之间好像有某些关联性，这时，我们已经注意到关键词以及思维导图的组织结构。再看一眼，你可能会发现这些五颜六色的线条，好像不是那么随性，其中似乎有些潜在的规律，这时，你的观察力带你更深一层察觉到思维导图的颜色管理。

不要小看自己，也不要小看思维导图

思维导图既然标榜9岁到99岁的人都能学，那表示做一张思维导图，很简单！只要你愿意开始动手做，不要想太多，不要想着等到我把思维导图的精髓全部都学会了再动手，这个想法会让你找不到起点。

也不要小看思维导图，以为只要有图、有颜色、有文字、有线条，组合起来就是一张思维导图了。有人用思维导图做购物清单，也有人用思维导图解决美国9·11的曼哈顿危机；运用可大可小，而这大小之间，也是我们学习进步的空间。

要准备些什么？

小时候，上体育课一开始老师总是会要我们先做暖身操，对于这些单调无趣的暖身运动，大家总是有一搭没一搭地做着，殊不知这些看似无聊简单的准备动作是要让我们在运动时更顺畅，以避免运动伤害！

同样的，做思维导图之前也有一些准备工作要提醒大家！我们在做思维导图时，主要进行的是大脑的思考活动，所以记得务必请到这次活动最主要的两位主角来共襄盛举。其中一位是"你的大脑"，大脑的角色吃重，在即将要进行的活动中，扮演贯穿全场的角色，做思维导图时，可别人来了，脑袋溜出去玩了。大脑确定到了之后，另一个对活动的进行具有画龙点睛神效的伙伴就是……没错，你猜对了，就是——"想象力"。很多人听到这，常常会跟我说：

"想象力？我已经好久没见过它了！"如果你也觉得自己缺乏想象力，这个名词对你来说听起来感觉有点遥远，带点熟悉又有点陌生的感觉；那么请放心，即使你很久没用到它，但这个就像忠心守候主人、等待主人叫唤的忠狗，其实一直都在你身边的！

最后一项要准备的就是工具了。工欲善其事，必先利其器。这句老掉牙的话却也是千古名言。做思维导图必备的工具如下。

（1）完全空白，没有网格线或小图案的 A4 白纸。

使用完全空白的纸是要让大脑思考时可以归零思考，不受任何影响及牵引的从头思考，也不受任何方向限制，往四面八方做多角度思考！画有网格线的纸看起来虽然比较整齐，但无形中却限制了大脑的思考方向，让我们很容易落入线性思考的框架中。至于小图案，尤其是彩色可爱的小图案，恐怕是很多女孩的最爱，但是我必须很认真地告诉大家，这些图案，不管大或小，是彩色或黑白，还是出现在纸上的哪一角落，都会自然发挥图像对大脑的影响力。如果这听起来很神奇，让你一时之间很难接受的话，我们不妨来做个试验。找两组人马做同一个题目的想象，题目可以是"今年的假期想

去哪里玩？"其中一组用全白的纸来想象，另一组的纸也几乎是全白，不过在角落有一个小小且不起眼的米老鼠图案。大家猜猜，这两组想象下来会有什么结果出现？两组的答案都五花八门，但是很特别的是第二组会出现一个共同的答案——是的，就是"迪士尼"。大脑在运作时，总是很难躲过图像的影响，即使是小到不起眼的小图也不例外。

（2）不同粗细、颜色的圆珠笔八支以上，以及一支四色圆珠笔。

建议准备 0.38mm 或 0.4mm 其中一种，以及 0.7mm 两种粗细的圆珠笔，方便做思维导图时可以用来写不同大小的字，若是空间上需要写小字时可以使用 0.38mm 或 0.4mm 圆珠笔，中心主题或是主干上的字可以用 0.7mm 或其他粗一点的笔来写。平常在家或办公室可以准备较多颜色的圆珠笔搭配使用，如果是外出为了方便携带，可以准备一支四色圆珠笔放包包里。一支笔有四种颜色，做思维导图时可以做基本的颜色管理又方便携带，是实用的选择。

（3）细字彩色笔十二色以上。

彩色笔的笔触和色彩很饱满，可用来画图上色和写字，呈现出来的效果往往是比较抢眼的，对大脑第一时间造成的冲击也比较大。

（4）彩色铅笔十二色以上。

彩色铅笔的颜色比较淡、比较柔和，上色时颜色可以涂出深浅及渐层的效果，画出来的笔触和颜色相对比较活泼生动，也容易营造出立体的效果，彩色铅笔的活泼笔触较易带动大脑的活络，而营造出来的三维效果，也很容易被大脑注意和吸收，因为越接近实物的东西，大脑越容易看到和吸收。

以上这些配备，是我们做思维导图的必备家伙。另外还有一些好用的工具，也很值得介绍给大家。

4色　1支

0.7　粗　各8色　圆珠笔

0.38　细

2选1　0.4　彩色笔

12色　细　彩色铅笔

12色

笔

大脑

想象力

纯白　纸

A4

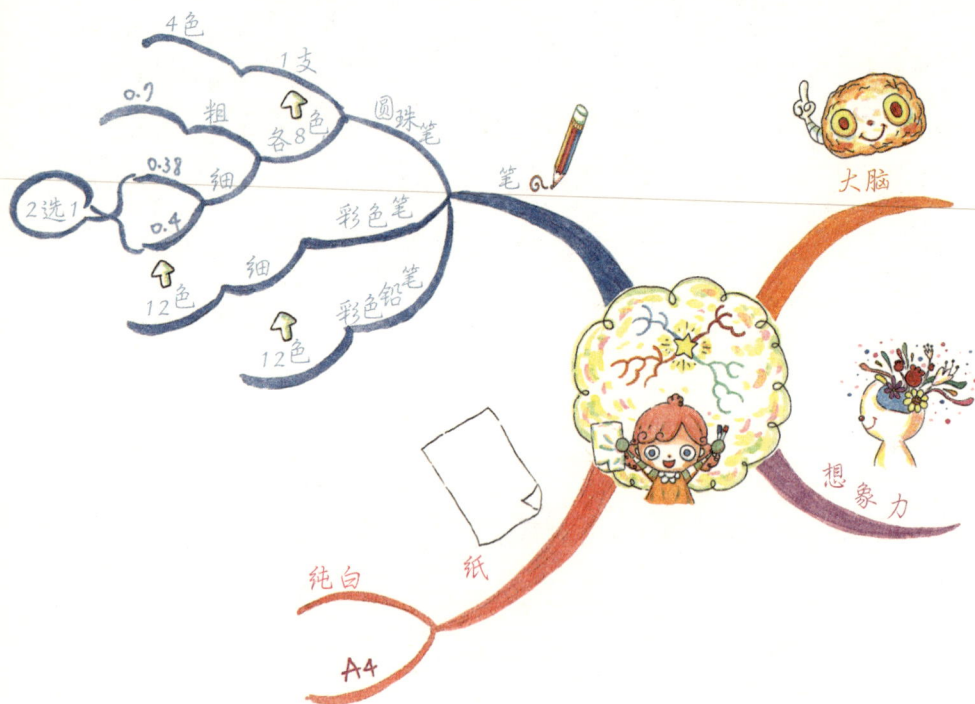

★传说中的"丸子兄弟"

除了四色圆珠笔之外，"丸子兄弟"也是个方便携带、经济实惠、又容易取得的随身工具。这个工具是从小时候常用的彩虹笔改良而来的。彩虹笔也是由多种颜色的彩色铅笔组合成一支笔，较不方便的地方是，当我们要使用中间的颜色时，必须一个一个抽换到我们要的那个颜色，普遍反映是比较费时又麻烦。现在改良的这个"丸子兄弟"是一位学生推荐给我的，可以随意抽换你想要的颜色，以前的困扰因为一个小小的修正就不见了，这个意外发现的小工具让我又惊又喜，真的印证了我们常说的，一个创意的小改变往往造就了一个受欢迎的新产品。当然，从我与"丸子兄弟"初次见面的那一天起，它也成了我出门包包中必带的基本成员之一。

★双头彩色笔

这是另一个好用的工具，我在日本第一次看到这样的设计，后来发现仔细找的话，各地方都有哦！这个设计是每个颜色的彩色笔都有粗细两头可以使用，细的那头可以用来写字、画线，粗的那头可以用来画线条或图像等，一支笔在使用上提供多种选择，也是不错的工具。

★荧光笔

荧光笔的颜色通常比较亮，对大脑有提示重点的作用，所以也常常被学生用来当作画重点的标准配备。做思维导图时如果需要用色块来凸显相同或相关的关键词信息，荧光笔就是一个很好的选择。但是荧光笔的颜色通常比较浅或是亮度较高，用来画线或上色没问题，可是如果用来写字，视觉上容易看不清楚。所以荧光笔适合用来画重点或标示色块，不适合用来写字。

★麦克笔

麦克笔是很多设计、视觉传达等领域的专业人士常用的工具。可以快速地创造出鲜明、层次多的色彩感觉，能做出接近真实的立体感，可以说是结合了彩色铅笔与彩色笔的优点，对于进阶使用者而言是一项超强的工具。

看了以上这些工具介绍，你现在是不是迫不及待地想要去找你需要的工具了？

每个喜欢做思维导图的朋友都有一个共同的经验，自己的某一个部分，仿佛回到了孩提时代的童真。到书店会不知不觉地在文具区流连忘返，在一堆琳琅满目的文具中寻觅自己喜欢的彩笔，有时发现新产品的开心指数可以媲美哥伦布发现新大陆的高兴程度。如果你发现自己也出现了这些症状，不要担心也不要慌张，这只是你的心试图在告诉你，深藏在心底已久的稚子之心，正在这个彩色的世界中，一点一滴地被唤醒！

  各种工具都有好用跟独特的地方，我的良心建议是，去找你喜欢的工具来使用。每个人喜欢的笔触可能不同，有人喜欢彩色铅笔淡淡的柔和感以及深深浅浅的立体活泼感，有人喜欢彩色笔描绘出的大胆、强烈、鲜明、抢眼的色彩印象。这两者的选择没有谁对谁错，也没有谁好或谁不好，只是不同的选择罢了！重要的是，当这些色彩缤纷的工具在桌上一字排开来，手握着自己喜欢、可以让自己开心的笔时，我们的心仿佛也跟着期待飞扬了起来，一股跃跃欲试的渴望，将会带给你一场全新的快乐体验！

一步一步开始操作

  选一个简单容易开始的题目，例如，"我的自我介绍"。回想一下看一张思维导图的过程，它与画一张思维导图的步骤很类似。思维导图的样貌有"全图""全文字"以及"图文并茂"这三种类型，我们以最常用的"图文并茂思维导图"作为示范的类型。

第 0 步：准备好你的工具，拿出一张 A4 白纸，把纸张横放。

第 1 步：先画中心主题

  在白纸的中间画一个彩色的图像来代表这张思维导图的主题。既然是自我介绍，就想一个图像来代表自己的名字。别担心自己不会画图，简单的"+1 点"原则就可以让原本最差的方式产生变身效果哦！最不佳的中心主题就是画一个圆圈，把字写在圆圈中。其实你可以把原本最差的中心主题做些加工，在这个单纯的圈圈加上几笔画，就可以让这个闭锁的圈圈摇身一变，变成一个气球的图形，所以别小看了自己的想象力哦！本书还有更多让你轻松画图的小技巧，我们会在后面的章节详细告诉大家。

例如右边这张图：这位学生的绰号叫兔兔，所以画了一只兔子代表自己的名称。

第 2 步：画主干

接着画出主干。中心主题画好之后，连接着中心主题的图，画一条仿佛是向外辐射出去的线条。想象一下：你化身为一只飞翔在天空中的小鸟，从天上俯瞰大地的树木时，树的枝干从中间的躯干往外生长的画面。这个画面跟思维导图很类似，相似度高达 90% 以上。所以我们从中心主题辐射出来的第一层线条是从粗到细，因为它负责连接之后的所有线条，所以跟中心主题的接头必须要粗一点，才有力量可以稳固地连接之后的其他线条，这个身负重任的

第一层线条，在思维导图结构中我们称它为主干 (Main Branch)，也代表我们思考的最上层想法。为了区别最上层跟之后的想法，第一层之后的线条都以细细的形态呈现即可，第二层之后这些细细的线条，思维导图结构中我们称之为支干 (Sub Branch)。

在自我介绍思维导图中，主干代表你要向大家介绍的几个大项目，在画的同时，思考着这些大项目底下约略有多少内容，根据内容的多寡分配一下主干的位置。

例如：兔兔想要向大家介绍自己的 Talent（天赋），Dream（梦想），Hobbies（爱好）以及 Education（教育）。

第3步：画支干

主干画好了之后，想一下每个主干的下面要接什么内容，用支干把这些内容画出来。在画之前，

72

脑中回想一下我们之前学过的分类技巧。如果内容比较多，要运用分类技巧让信息更有组织地呈现，也让看的人更容易看懂。

第 4 步：加插图

内容都画好了之后，在你认为重要的地方加上插图来提醒大脑的注意。

例如：兔兔的两项 Talent 中，在 Painting(绘画) 旁加上插图，表示这是比较突出的天赋；兔兔有两个梦想，其中 Designer(设计师) 加了图，代表想成为设计师是兔兔最大的梦想。兔兔的几项 Hobbies（爱好）中，也有部分加了图像，你可以看出兔兔最大的爱好是什么吗？

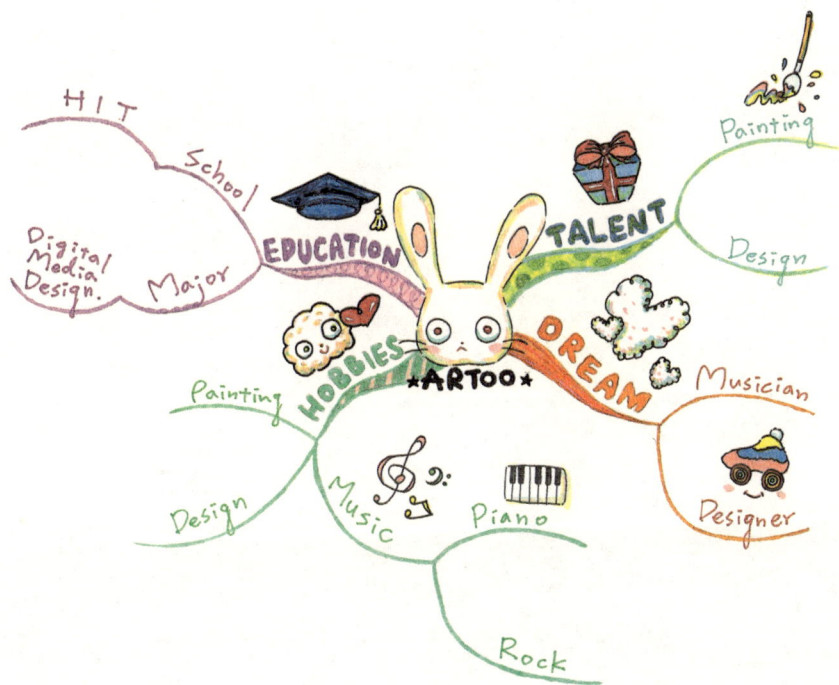

给初学者的建议：

1. 练习替每个主干都画上一个插图，一来让主干更明显，二来训练自己将信息转化成图像的能力。或者你可以挑战画一张全图的思维导图，例如下面这张思维导图。

2. 如果你在第 2 步或第 3 步已经用图像来代表文字了，那也很好，不必拘泥于每个想法都要先用文字写出来再加图，有些时候我们的大脑会不自觉地出现图像来取代文字。

3. "模仿→练习→分享→（讨论）→联想"是一个很好的学习路径。开始学习一种新方法时，先模仿老师或书上的案例，会让你的学习比较快地进入状态。接着自己多练习，每练习一次，脑神经就会产生关联，就好像从家里到图书馆的路，第一次走时不熟悉，多走几次也就熟了，所谓熟能生巧正是这个道理。让自己的学习保持在开放的环境下,能让学习更活络。如果都是自己一个人埋头苦学,不仅容易出现瓶颈,也很可能出现盲点而不自知,所以多和别人分享自己的思维导图,也从交流中学习别人思维导图中的优点,这样可以让自己的学习不断突破。当我们在分享或讨论时,大脑会再次思考、整理自己的思绪,当我们在看别人的思维导图时,大脑也会跟自己的经验库产生关联。所以我们常常看到别人怎么做,同时脑中会出现"我也可以怎么做"或是"我也可以做什么"的想法。想到的不一定跟别人分享的一模一样,因为每个人的生活和需求都不同,但是他人的分享扮演着一个刺激的角色,唤醒我们自己大脑里的经验及知识,进而产生类似的、相关的,但却也是个人的联想应用。

例如:当我们看到一个规划家庭旅游的思维导图,我们可能会想到可以用思维导图来规划一个周末活动或是生日庆祝活动。如果当别人所使用的主题与自己相同时,我们可以从中观察:有哪些思维是自己没有想到的?同一件事,是不是大家的思维角度都一样?不同主题的应用分享,让我们的应用面扩大了;相同主题的应用分享,让我们的应用更深入了,不管是广度的扩大或是深度的增加,都让自己制作思维导图的功力越来越进步。

思维导图学习站

在这个单元的练习中,你观察到哪些思维导图的制作规则呢?

1.使用全白的纸,纸张要横放。

2.中心主题画在白纸中间,最好是一个彩色的图像。大小约长宽五厘米左右。

3.线条要连接中心主题并且彼此连接,主干的线条是由粗而细,支干的线条是细细的。

4.文字要精简，使用关键词。字要写在线上，文字的书写方向一律由左到右。

5.每个主干的线条跟文字最好是同一个颜色，如果不习惯写彩色字，请一律用黑色笔写字。如果是自己用的思维导图，颜色的选择以自己想要或喜好为主。如果是简报用的思维导图，要顾及大众对颜色的看法。

6.重点的地方加上符号或图像来提醒大脑注意，并加深记忆力。图像最好是彩色的或是立体的，如果使用单色图像，颜色最好要跳色（跟文字线条不同色）。

跳跃思考的最佳捕手

风和日丽的下午，一群人正想着要为下周末的烤肉活动列采买清单。有人提议用思维导图来做，这时，有人说话了——

"干吗列采买清单？去了再看就好了啦！"

"把想到的一条条写下来就好，何必搞得这么麻烦……"

两组人马的不同意见让大家决定做个小实验，由两组人马分别用不同方式列出烤肉活动采买清单，第一组用很有逻辑的条列式，第二组用新学到的思维导图。

话一说完，第一组马上启动训练有素的左脑，把需要买的几个大项列出来，第一组第一轮列出来的是：

（1）食物类；（2）饮料类；（3）用品类；（4）调味料。

接着，根据列出来的大项，再分细项，很有秩序地逐项讨论。第一组得到的清单是：

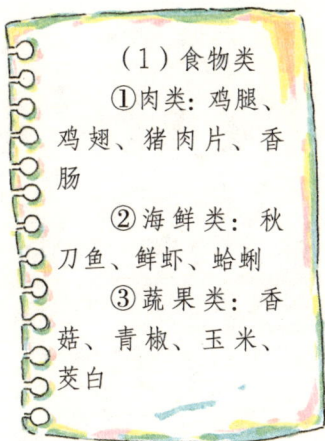

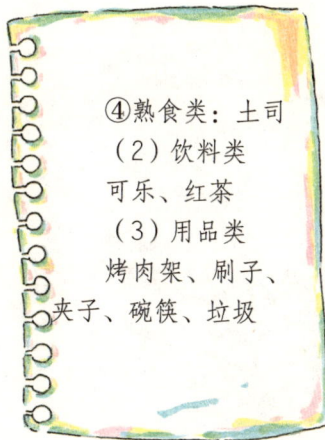

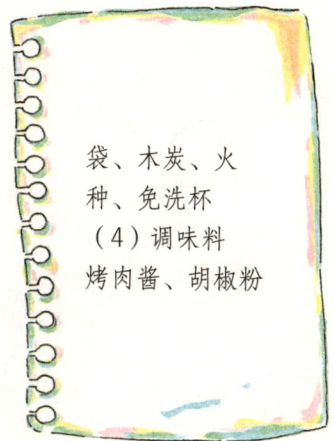

（1）食物类
①肉类：鸡腿、鸡翅、猪肉片、香肠
②海鲜类：秋刀鱼、鲜虾、蛤蜊
③蔬果类：香菇、青椒、玉米、茭白

④熟食类：土司
（2）饮料类
可乐、红茶
（3）用品类
烤肉架、刷子、夹子、碗筷、垃圾

袋、木炭、火种、免洗杯
（4）调味料
烤肉酱、胡椒粉

使用思维导图的第二组，在纸张中间画出一个中心主题，也想到了四大项。

接着很自然地从"食物"这一项开始想，想的路径相似，不同的是记录的方式。思维导图的记录方式采用精简的关键词加上分类技巧，所以想到要买什么食物时，从肉类循序讨论到海鲜，内容与过程都与第一组很类似，直到秋刀鱼的出现……

饮料　食物　用品　调味料

柠檬　蔬果　生鲜　食物　熟食　肉类　海鲜　猪　鸡　鱼　梅花肉片　香肠　腿　翅　胸　秋刀

饮料　用品　调味料　海盐

一提到要买秋刀鱼，马上有人说："烤秋刀鱼一定要来点柠檬加海盐，才会好吃啊！"

思维导图的好处是，可以把相关的想法有组织性地随时加在适合的分类位置上，所以，按照讨论的顺序看来，现在虽然还没讨论到蔬果类及调味料，但是思维导图的结构方便我们立刻把柠檬跟海盐写在蔬果跟调味料的项目之下，并用同颜色的色块把这三个项目用荧光色涂起来，提醒我们大脑："这三个项目是有关联性的"，接着马上回到海鲜项目继续讨论。

在讨论过程中，"秋刀鱼现象"不断出现，因为在思考的过程中，我们的大脑会很自然地联想到相关的事物，而思维导图总是能把大家讨论过程中产生的关联性想法通通记录在合适的位置上。最后得到的思维导图清单如下：

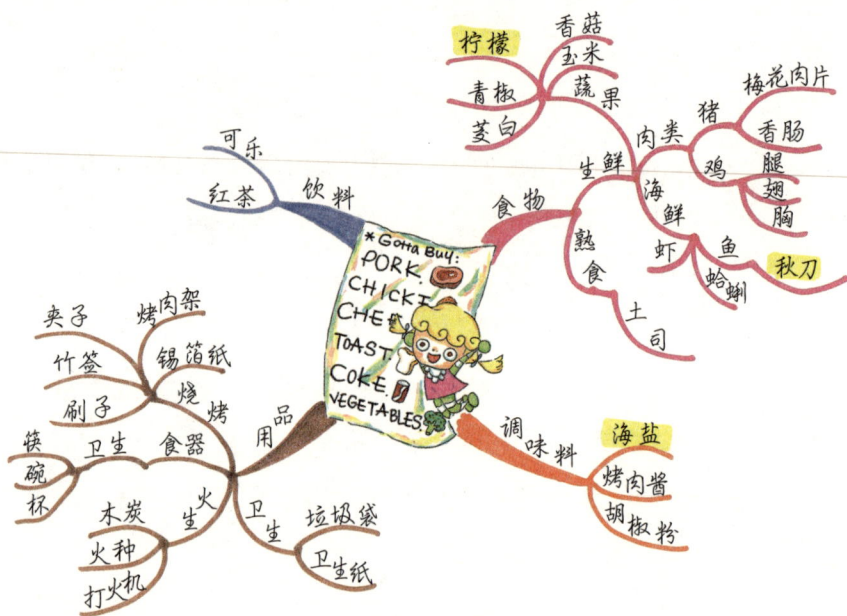

比较一下，条列式清单跟思维导图清单有何不同？眼尖的你，也许会发现思维导图多了几项条列式清单中没有的东西，比较值得注意的是"柠檬""海盐""卫生纸"和"打火机"。

从刚刚思维导图的思考过程中，我们已经知道了柠檬和海盐的由来，也许会有人认为：少了柠檬和海盐也不会怎么样呀？顶多秋刀鱼没那么好吃就是了。严格来说，这样的想法也没有错，只是，当你的表现有机会做到 80 分时，你却选择只要 60 分，岂不是很可惜吗？

在生活中或工作上，我们想把某一件事一次性做好，需要周密的思考，把相关的事物一次性顾及到，才容易做得好又节省时间，兼顾工作效率与质量。传统的条列式记录方式引导出看似很有顺序的条列式思考模式，却少了或抑制了网状的相关性思维模式。

据说，卫生纸和打火机这两项，也是常常被遗忘的项目。没有打火机，不知道要如何生火，总不能真的来个钻木取火吧！忘了带卫生纸，在吃吃喝喝的过程中，更是诸多不方便。条列式的清单列法，这两项都在用品大类中，因为用品太广泛，会漏掉是常有的事。思维导图的分类再分类技巧，让思考更顾及细节，当用品大类又被分出生火用品时，打火机很容易就被列入清单类了，以此类推，当卫生用品这一类被分出来时，卫生纸也会很快就被想到了，这就是通过分类技巧的训练，让自己的思维可以更兼顾到细节。

在思维导图中，有一个分类阶层化的技巧，我们称之为BOIs (Basic Ordering Ideas)，当我们需要发挥巨细无遗的执行思维时，BOIs可以帮助我们把事情想得很周到、缜密。

"我的老板想法好跳跃哦，每次我都不知道他在说什么……"

"我们老师上课一下讲前面，一下讲后面，一次讲很多又很乱，我的笔记都不知道要怎么写。"

这些问题在你听来，是不是很熟悉呢？在企业或学校上课时，经常听到这两句话。其实，我们的想法本来就很容易是跳跃式的，因为我们说话的速度，永远赶不上思考的速度，在边想边说的过程中，很容易就变成跳跃式思考。思维导图可以捕捉非线性的相关想法，自然也可以捕捉跳跃的想法，只要你改变一下记录方式，这些困扰就会慢慢消失了！

主干要如何分类才是最好的？

很多人知道了思维导图的画法，也熟悉规则的使用，却在做思维导图时，产生一个疑惑：我要如何开始？主干要怎么分比较好？

回答这个问题很简单，只要回到做这张思维导图的初衷上就可以解决。"我为什么要做这张思维导图？"这个问题的背后，就是答案的源头。使用思维导图这个工具，是要让你的学习更有重点，工作更有效率，生活更轻松，所以回归到源头，答案就出现了！

举例来说：在做上述采买清单时，有人会在主干分类时，被脑中众多分类的可能性搞得陷入无所适从的茫然中：

"要不要分成素食和荤食？"

"蔬菜"和"水果"要分成两类，还是一起归在"蔬果"这一类呢？

各位，思维导图主要是帮你简化事情，帮我们轻松面对工作及生活，所以请不要把自己搞疯了，面对以上两个问题，你可以这么想：

问题：要不要分成素食和荤食？

思考：如果没有人吃素，有分荤食和素食的需要吗？

问题："蔬菜"和"水果"要分成两类，还是一起归在"蔬果"这一类呢？

思考：做采买清单的目的是要帮助我们不会遗漏，并且很快地根据这张清单买到我们需要的东西。所以主干的分类名称，请参考你要去的那家卖场的货品名称分类法及动线规划，这样可以让你到卖场采买时，轻松地推着购物车，拿着这张清单，很快地在走完一圈后，买到所有你需要的东西。而不是在蔬菜区来来回回好几趟，结果还是在结账柜台前，猛然想起忘了买一把葱。

　　以下三张思维导图都是整理一周的待办事项，主干用的是截然不同的分类思维，第一张是一周待办事项思维导图，主干是依时间区分；第二张是搬家待办事项，依事情类别区分；第三张工作待办事项是依对象区分，在实际应用的观点上看来，这三张都是实用的思维导图。

　　第一张思维导图的思维路径，重点放在时间的掌控。因为每天要处理的事情不同，而且事情几乎都可以在一天内处理完，所以主干用时间来区分。

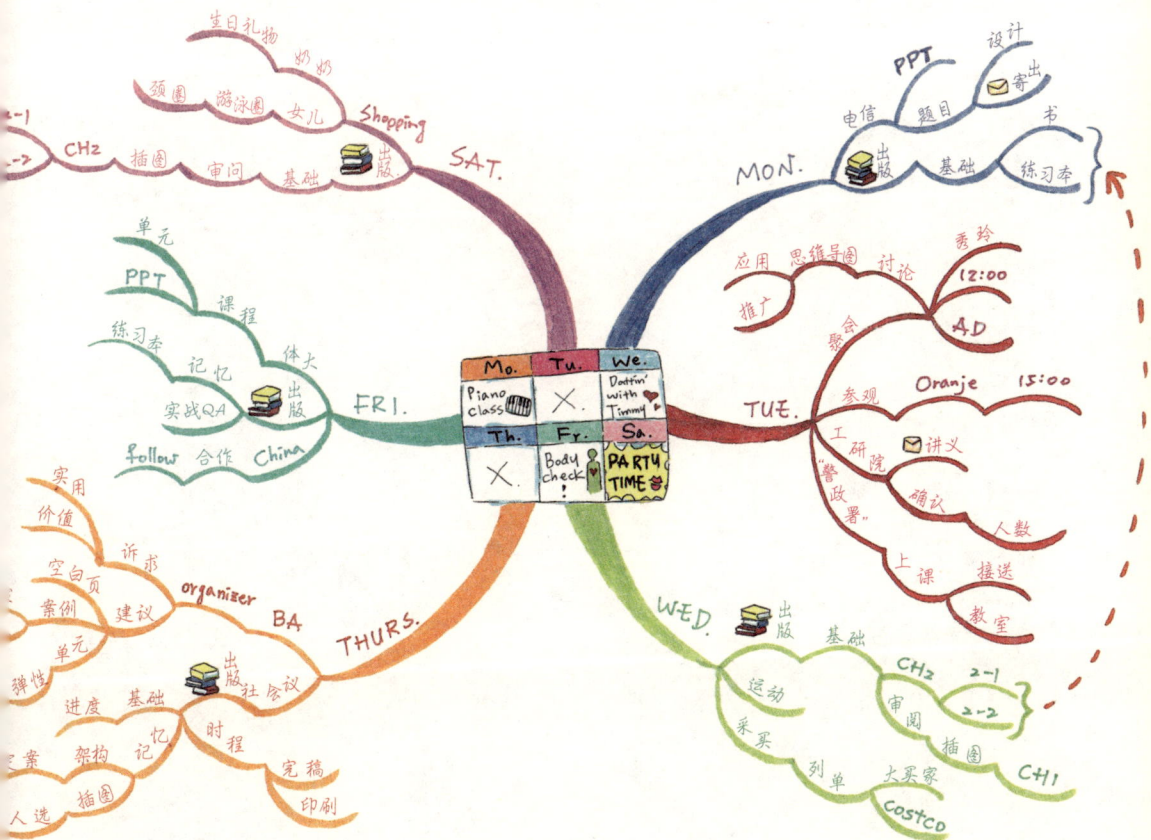

第二张思维导图的思维路径，重点放在事项的各项执行细节。因为这些事情大多不是一天内可以处理完的，事情进行的时间横跨整星期，这种分类方式，较适用于手上多个项目同时进行时使用，也可以搭配甘特图来控管项目执行进度。

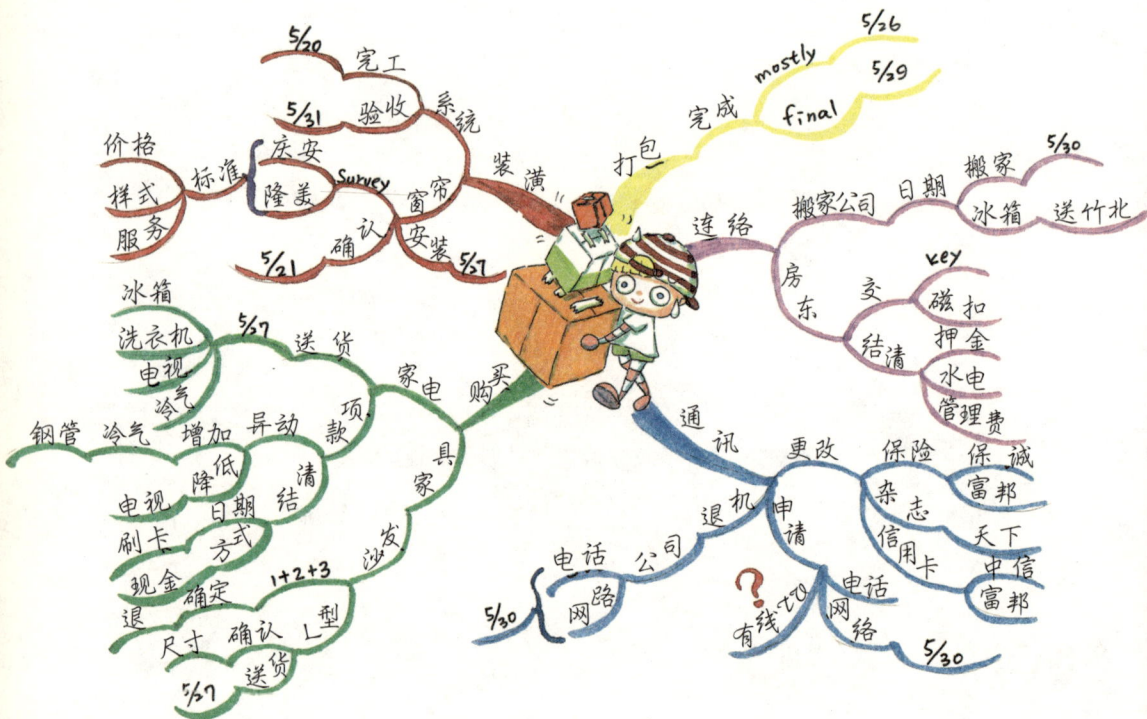

入账 明细 款项
工研院
玉琪 设计师
Photo 上传 位址 名字 电话
巧云 Meeting 时间 8/24 资料 整理 事项 交办 Follow New

20:30 8/2 订位 RUTH'S
靠窗 位置 View 告知

TO-DO
2009. 8. 21

MOLLY Visit 小菁 8/2 早上 拿 地点 会合 7-11 CD 书

金额 给付 生产 富 邦
条件 院 佳
Yes No 开刀

陈资璧
2009. 8

第三张思维导图的思维路径，重点放在整理同一个对象的所有事情。这个对象可以是人，也可以是一个机构或一家餐厅，这样做的用意是让自己可以一通电话解决全部相关事情，避免打三通电话给同一个单位讲三件事。

重点整理

1. 不要小看自己，也不要小看思维导图。

2. 做思维导图要同时掌握表象（骨架）跟内容精髓（组织结构）。

3. 思维导图工具：大脑、想象力、白纸、不同粗细的圆珠笔、彩色笔及彩色铅笔。

4. 思维导图制作步骤：中心主题→主干→支干。

5. 思维导图规则：请见本章规则思维导图。

6.给初学者的建议：练习画主干图像、不拘泥文字和图像出现与否及出现顺序、"模仿→练习→分享→（讨论）→联想"是一个很好的学习路径。

7.运用思维导图法关键词加上分类再分类的技巧，或是分类阶层化 (BOIs) 技巧，就可以捕捉跳跃的想法，并把想法记录在思维导图合适的位置上，让思考模式从线性思维转为兼顾细节与关联性的网状思维。

8.当你对主干及支干的分类名称和方式有疑惑时，请想想做这张思维导图的目的是什么？回到源头思考，答案就清楚浮现了。

III

找回你的图像潜力

觉得自己不会画图吗？还是觉得自己画不好而不好意思或是不想画图呢？

这篇练习结束后，你会发现，天地顿时开阔了好多，从图像的世界寻求创意变化的乐趣，享受破框思维的自由与惊喜，在图像与色彩中，你可以玩出思维导图另一个有趣又好用的境界！

6 /// 形状的秘密

图像在思维导图的学习过程中扮演一个重要的角色，也是一个让大脑清醒，让人开心的元素。这一章的学习重点是借由简单的基础形，帮你找回孩童时代那个对画画天不怕地不怕的自己！

信心有了，你开始因为敢画，会画，到能画出令自己惊艳的图。抽象概念、创意图像……对你而言，都不再是难事，因为一步一步跟着做，就会做得到！

那天，刚踏入工作职场的小陈带着期待的心情去学一种叫作"思维导图"的思考方法，一进教室，映入眼帘的是桌上的图画纸、彩色笔，马上从脑中浮出的想法是："我是不是走错教室了？""不是上思维导图课吗？""桌上为什么放着白纸和彩色笔？"震惊之余，眼睛的余光扫到桌上有自己名字的桌牌，半信半疑中，还是快速走向属于自己的座位，深呼吸，安顿一下忐忑的心情。

课程中，手一拿到彩色笔，要练习图像表达时，小陈就浑身紧绷，嘴巴因为没有信心而念念有词：我图画得不好、我画不出来、我不会画、画图好难哦……

在学习思维导图的过程中，有很多的大朋友、学员都有共同的烦恼，那就是无法顺利地将图像画出来，多数朋友的情况就像小陈这样的。如果你觉得自己跟小陈有着相同的处境，不必担心，因为这个"不会画""画不出来"只是假象，连我们自己都被这假象给欺骗了。实际的情况是，大家都是天生的画图高手，只是在成长的过程中，逐步将画图的能力封锁起来了，用各种的理由和方式将这与生俱来的能力深深地锁在脑中深处，同时遗忘它的存在。

不信的话，你不妨到幼儿园或是小学的教室里去看看，看看这些孩子们在画画时是什么样子？孩子脸上认真专注的神情，有没有让你回想起当自己还是个孩子，拿着画笔时的开心和无所畏惧地在图画纸上肆意挥洒情景，创作曾经让我们心满意足的名画？我们也曾经是孩子，也曾经非常享受色彩与图像带给我们的快乐，然而，随着年纪渐长，现在的我们好像离画画这件事好远，甚至提起画画就感到恐惧。

当我们还是孩子时，这个世界对我们是新奇而陌生的，我们天天学着去认识各种物体，认识它的形状、它的名字，孩子每次画画都是画出对这个物体特征的认知。当我们越来越能辨识各种东西的差异，我们也越来越懂得像与不像，开始担心、害怕自己画得不像，长久下来便不再喜欢画画这个天赋了，这也就是很多人害怕画图画的主因。

现在，我们带来重新开启画图能力的四把钥匙，只要你放松心情、相信自己，跟着我们一起做一次，你会发现画图能力将神奇地再回到自己的身上。

第一把钥匙：只看外形大致轮廓，别看细节

这个部分是要各位练习从大处着眼，只要先看出图案大概的形状即可，现在就让我们从下列的图片开始依序练习。

步骤 1. 眯起你的眼睛，只留下一个细缝。

步骤 2. 将观察力放在物体的外形，把它变成一张剪影的感觉。

步骤 3. 记住刚刚看到的轮廓线。

经过第一步练习，你刚刚是不是也看出这些图片大致的轮廓线呢？太棒了！你看出来了，恭喜你启动第一把钥匙了。如果不一样或者看不出来也别灰心，刚开始觉得很难是正常的，一点也不用担心，只要多练习几次就可以办到了！这个练习只要看出物体的外形，忽略物体的细微形状、质感、

明暗等变化，多数人对画图觉得有挫折感，都是太急着画出细节或是太受细节影响，就是俗话所说的"见树不见林"，这把钥匙的重新启动，就是要先忽略细节、抓住外形。

第二把钥匙：基础形（三角、方形、圆形）

接着我要交给各位第二把开启天赋的钥匙。首先，请各位观察一下你身处的环境，看看是不是可以找到几个三角、方形、圆形的形状？发挥你的观察力仔细看看，你看到了吗？

除了这些，你还可以在生活中找到更多的三角形。

除了这些，我相信你可以在生活中找到更多的方形。

除了这些，我仍然相信你可以在生活中找到更多的圆形。

相信各位一定会感到讶异，原来我们身边有这么多东西都有这三个形状的样子！是的，艺术家们经过无数的观察与研究发现，很多东西都是由方形、圆形、三角形的样子组成的，于是这三个形状就被称为三个基础形。在第二章中，我们反复练习的观察力，协助我们找到了第二把钥匙。通过细心观察，你会发现生活中有更多事物都是由这三个基础形所组成的喔！

第三把钥匙：修饰与组合

拥有了第一把及第二把钥匙后，我们终于要拿到第三把钥匙，这把钥匙可能是最重要、最有突破的一把。要掌握第三把钥匙，我们要来学习两个重要的技巧：形状修饰与形状组合。

首先我们来进行形状修饰，这个技巧很简单，就是借由修改基础形来画出我们要的图案。我们分成三个步骤完成：

步骤 1：使用三种基础形很快地画出接近物品外形，请不要忘记第一把钥匙所学会的技巧，先只看外形大致轮廓，别看细节。

步骤 2：进行细节的修饰。

步骤 3：上色，大功告成。

从简单的苹果开始：

步骤 1：先画出苹果的基础形，圆形。

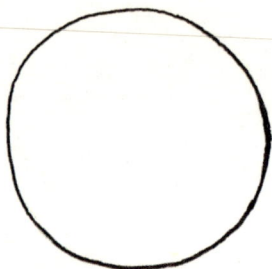

步骤 2：进行细节修饰。

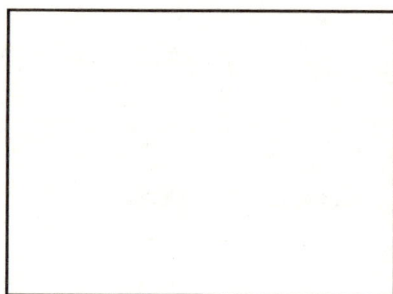

步骤 3：上色，大功告成。

运用基础形画出手机:

步骤 1: 先画出手机的基础形, 方形。

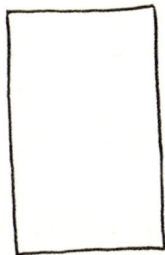

步骤 2: 进行细节修饰。

步骤 3: 上色, 大功告成。

运用基本型画热带鱼

你也许觉得热带鱼很难画，但只要运用基础形也可以画成功喔！

步骤 1：先画出热带鱼的基础型，三角形。

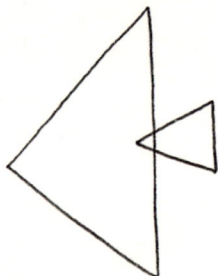

步骤 2：进行细节修饰。

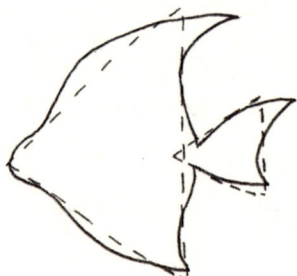

步骤 3：上色，大功告成。

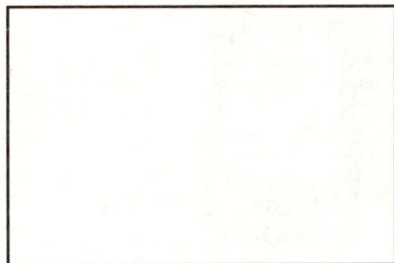

经过形状修饰的练习后，你可能会发现，有很多东西只用形状修饰就能轻易画出来。

第三把钥匙的第二个技巧是形状的组合，这个技巧可以让我们画出更多外形更复杂的东西，在开始之前，我们需要锻炼一下自己的观察力，看看下面的物品包含了哪些基础形？

A _____

B _____

C _____

D _____

E _____

F _____

你是不是也都看出来了呢?

现在让我们来练习一下，使用形状的组合来画一艘帆船。我们分成四个步骤进行：

步骤 1：先用基础形组合出帆船的外观。

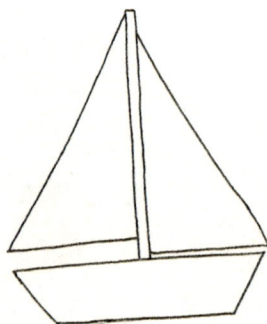

步骤 2：线条、形状的修饰，让它更接近我们期待中的样子。

步骤 3：增添细节，如旗子、绳子、船锚、船舵等。

步骤 4：上色，大功告成。

第四把钥匙：加入想象力

最后这把钥匙，是专属于你个人的哦，第四把钥匙就是加入你的想象力，当个人的想象力一加入，你画出来的图就会更属于你独有且与众不同的。想象力可以说是这四把钥匙中力量最强大的一把，讲到这里，该是让你的想象力奔驰一下的时候了，我们就在上一个练习"帆船"中，加入你独有的想象力吧！

各位还记得之前所学的联想开花 (Brain Bloom) 技巧吗？现在中心主题就是帆船，我们来让大脑联想开花一下，想到帆船你会想到什么？我想到的有下面这几样东西（见右图）。

联想完后，现在让我们把想到的想法都加入"帆船"作品中，这个作品加入我们的想象力后，是不是更有趣、更能吸引你的注意了呢？

海

鱼

罗盘

云

望远镜

船舵

海岛

旗子

现在闭上眼睛，在自己脑中把这艘帆船的样子画出来。你有没有发现，任何一点小地方你都能记得一清二楚呢，没错！这就是这四把钥匙同时启动的力量。拥有了这四把钥匙，各位是不是开始觉得，画图是一件

简单又好玩的事呢？接下来要善用我们精心为你设计的《你的第一本思维导图练习本》，里面有循序渐进的题目，可以让你因为练习而不再害怕画图，并且重新找回图像的乐趣！

IMPORTANT!

重点整理

重新开启画图能力的四把钥匙：

第一把钥匙：只看外形大致轮廓，别看细节。

第二把钥匙：基础形 (三角、方形、圆形)。

第三把钥匙：修饰与组合。

第四把钥匙：加入想象力。

7  小小设计家

　　有人说，最喜欢看有图像的思维导图，因为很可爱、很漂亮、很有创意，而且令人印象深刻；也有人说，一想到要画图就怕，因为自己画得很丑、很不像。上个章节，我们已经跟大家一起找回可以画图，会画图的能力与信心了，这一章节，我们将要挑战更进阶的技巧。

　　但在开始之前，不妨先厘清思维导图里面的图，其最主要的功用是什么。

思维导图的图像

思维导图的图像主要功用有三个：

（1）提醒大脑注意。

（2）借由图像，让大脑联想到我们要表达的关键信息。

（3）图像让大脑更轻松、容易记住重点。

也就是说，这是一种通过图像让大脑启动"注意→联想→记住"的过程，在这个过程中，把信息或想法转为视觉图像的技巧就成了能否让大脑启动以上三个作用的关键。在转化的技巧上，具体的内容比较容易用图来表达，例如：苹果、桌子、计算机、水库等。在上一章中，我们学到通过掌握基础形、形状修饰和形状组合，就可以把图像画出来；但也有比较难用图表达的词意，就是看不见的抽象概念，例如：发明、实验、创意、功课、学习进度、工作效率等。因为要把抽象的概念用具象的图表达出来必须经历两个阶段：

阶段1：想到要画什么，也就是先有想法。

阶段2：把想法画出来。

"针对要表达的概念，想到一个很有关联性的图像，然后画出来"，这是我们要学习的技巧。其实，有一群人已经将这个技巧运用得炉火纯青，我们常常可以在大街上、电视里、报章杂志，甚至生活的各个角落，看到这一群人的杰作。没错，这群人就是创意和视觉表现技巧都令人赞叹的设计师！设计师是很多人向往的工作，大家可能没想到，思维导图的想法图像化技巧，跟设计师的创意思维不谋而合！

想法与图案的挂钩

　　让想法与图像产生高度的关联性，是让图像发挥功效最基本，也是最重要的第一步。要找到具象图案来呈现抽象的想法是个有趣的过程，这些图案多数是来自我们日常生活中可见的物品、地点、人与事件等。例如：要表示抽象的"秘密"这个想法，先了解秘密的概念是：不随便让他人知道的事。在生活中容易联想到的物品可能有"钥匙"与"保险箱"，因为这两件物品是只有拥有者才能看到内容；从地点来联想，可能会想到山洞，因为故事书中常提到山洞中藏有不为人知的宝藏或秘密，这些与秘密的概念有关系的图像，便能让我们联想到秘密这个抽象的想法。

　　再举一个例子，如果要用图像表示"功能"这个想法，会让我联想到生活中的工具用品，例如：螺丝起子、扳手这类的工具就能代表"功能"这个想法。原则就是用熟知的东西来代表不知与抽象的想法，这样是不是更清楚容易了呢！

　　我们马上来进行联想的练习，这是一种活化大脑的运动，也是发挥关联性思考的开始。例如："钻石会让你联想到什么呢？"

　　钻石会让我想到有钱人、爱情、坚硬、贵重、求婚……看着图思考，你的大脑容易想到更多，也别忘了融入五个感官和我们的心带来的感觉，以及运用之前学到的联想开花技巧，这样你想到的层面会更多。

"十字架会让你联想到什么呢？"

我想到的是医院、红十字会、救灾、耶稣、坟墓、驱魔、风筝。

"妈妈会让你联想到什么呢？"

我想到的是保姆、长发、哺乳、威严、咖啡、乐观、伟大。

你是不是发现每件东西都会让你很快地想到不同的相关事物，非常容易,对吗?其实我们的大脑每天都在收集资料和经验，也每天都在做这样的想法关联。

比方说，有人看到闪电，可能会想起哈利·波特，这是因为他们有看过或正在看哈利·波特这本书，因为生活经验的不同，每个人的联想可能会有所不同，而这些联想，都将是帮你记住信息的重要功臣。例如：根据上面我们做的十字架联想，如果你要记住的信息是红十字会、医院或是救灾，那么在旁边画个十字架，会是一个不错的挂钩。以此类推,如果你想在"求婚"这个重要的关键词旁边加上图像，你可以画一颗钻石或钻戒。这些大脑联想出来的图像，对我们是很有益的，可以让我们很快把重点信息勾出来!

形容词联结

以下这些主题，你会用哪些形容词来形容他们呢？例如："老师……是有知识的、权威的"，还有呢？在思考时，别忘了让六感发挥作用，并且运用思维导图联想开花技巧来帮我们哦！

我想到的是端庄的、优雅的、温暖的、气质的、有知识的、专业的、权威的。

冰淇淋让你想到什么形容词呢?

我想到的是甜美的、清凉的、幸福的、缤
纷的、精致的、消暑的、畅快的。

小白兔让你想到什么形容词呢?

我想到的是可爱、温柔、无辜、灵活、迅速、轻快、雪白。

如果是你,以上的东西你会用哪些形容词来说明呢? 这个练习主要是探讨我们的感受,每件物品都会带给我们不同的感觉,有的让人觉得很可爱、温驯,有的会觉得勇敢、有力量;当然也有些会让人觉得邪恶与恐怖。所以如果你想要表达的是可爱、温柔的感觉,那以小白兔为主角可能是个很棒的选择,因为大部分的人都会觉得小白兔很可爱,所以小白兔很容易成为温柔与可爱的联想挂钩。

图像转化练功法

要磨炼自己的图像转化功力，你可以找一张全文字的思维导图，然后在图中的关键词旁尽可能地画上插图。

大脑的功能思维导图

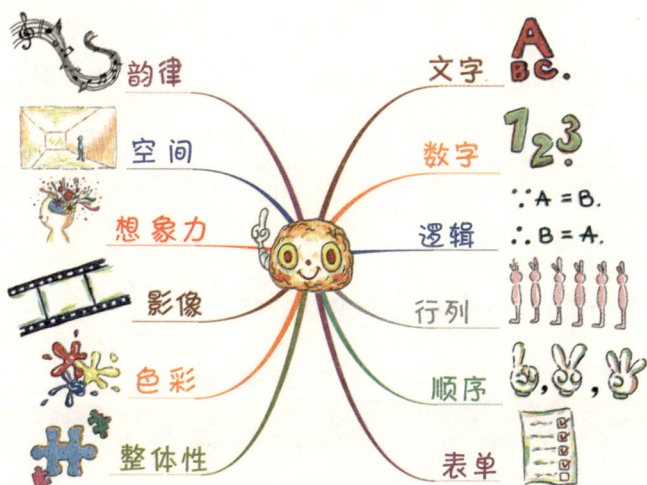

应用大挑战

现在我们要做一个有趣的练习，结合联想及感觉把图案画出来。这个练习有几个步骤，请大家一个步骤接着一个步骤做！

步骤1：请你用三个形容词来形容你自己。

例如：可爱、温柔、聪明、有力量的、高大的、幽默的……请想出三个。

步骤2：找出图案来代表你的形容词。

这个步骤有三关挑战，需要你用力想想，若是遇到困难可以回头看看我们刚刚做过的练习，或者问问朋友听听大家怎么想的。

第1关，请用三个动物来代表你的三个形容词。

例如：猫头鹰代表聪明的，狐狸代表狡猾的，狮子代表有勇气的，兔子代表可爱的。

第2关，请用三个大自然的事物（动物除外）来代表你的三个形容词。

例如：钻石代表坚强、玫瑰代表美丽多刺的，太阳代表正面积极的，闪电代表快速的。

第3关，请找三个人造物来代表你的形容词。

例如：烟火代表亮丽的，橡皮擦代表有洁癖的，棉花代表温柔的，出租车代表爱钱的。

以上的挑战你都顺利完成了吗？至目前为止，我们的大脑做了一件非常厉害的工作，我们刚刚将很抽象的形容词请大脑用力运转找出代表的具象图案。其实，这个工作我们大脑天天都在做，只是大部分的，我们都没有察觉，有个专有名词叫作"共感觉"，指的是大家对某些东西、某些颜色会产生相同的感觉。例如：猫头鹰让人联想到聪明的感觉，蓝色让人联想到清凉的感觉等。

设计一个代表自己的标志

刚刚我们顺利通过几个考验，现在要运用刚刚的练习，加上想象力，来设计一个代表自己的标志。

（1）请从刚刚形容自己的三个形容词中选择一个。

例如：勇敢。

（2）接着将你找到的代表着这个形容词的动物、大自然非生物、人造物，这三个图案画出来。

例如：狮子、小草、飞弹

（3）最后，将这三个图案结合起来画成一张图。

　　好了！我们运用图像转化的技巧完成了自己的标志，这个练习可以多做几次，每次做都会有新的想法，就做一些修正与结合，你会越做越有趣，越做越有成就感！

　　现在，你是不是也迫不及待地想要设计一个自己专属的标志呢？请翻开《你的第一本思维导图练习本》，让大脑运转运转，好好享受当个小小设计师的感觉吧！

IMPORTANT!

重点整理

　　1.思维导图的图像主要的功用有三个：这是一种通过图像让大脑启动"注意→联想→记住"的过程。

　　a.提醒大脑注意。

---

b. 借由图像，让大脑联想到我们要表达的关键信息。

c. 图像让大脑轻松容易地记住重点。

2. 要把抽象的概念用具象的图案表达出来，必须经历两个阶段：

阶段一：想到要画什么，也就是先有想法。

阶段二：把想法画出来。

8 //////////////////////////// 形状新视野

我们生活的地球中有各式各样的生物与非生物，它们都有着各自的形状，当我们看到它们的外观时，便能知道这是什么东西，也能说出它们的名字。现在，我们即将引导大家进入一个完全突破形状的世界，让你只要借由特征，便能创造出完全不一样的造型。

掌握特征

在这里我们要做一个突破性的大冒险，看看你能不能突破这个世界现有的形状限制。首先让我们看看下面这三张图，你能认得它吗？

是鸡吗？你确定？为何你能确定这三张图片是一只鸡，仔细看看这三张图还真的有很大的不同耶！

图1 用线条来画这张图。

图2 身体被颜色分成两个区域，脚的部分像是一个支架。

图3 更夸张，竟然有个方方的身体。

但你们却异口同声说：这三张图都是鸡。我们把共同相似的地方圈起来，你是不是也找到了呢？这些圈起来的地方让我们知道这是鸡，这些就是所谓的特征，只要掌握好这些特征，就能画出"像、认得出来"的图画。

特征改变认知

接着第二阶段，我们来体验一下，画图是一件多么简单的事！我们只要改变一小小的部分，就能让人认为是完全不同的东西。

请你看看下面这张图，你认为它是什么水果？

相信你一定能很肯定地告诉我，这是一个红苹果。是的，它确实是一个苹果。接着请你继续看下一张图。

　　现在苹果变成一颗樱桃，看看改变的部位是哪里？仅仅改变水果蒂头的长度，刚刚的苹果就变成了樱桃，最后再看看下一张图。

　　这是一个西红柿，眼尖的你是不是发现我的小技巧了？我改变的是很小的地方，但这却能完全变成不同的东西，重要的是，这些改变后的东西，同样很容易让大家认出来。这个技巧是善用改变特征将一个东西变成完全不同的另一样东西，这样画起图来不但省力又快速，也能让看的人完全了解。

我们的记忆很大一部分是借由特征的识别来运作的，知道这个原理后，以后画图就更能举一反三了，因为只要把重点放在特征的掌握上，很容易就能画出你想要的图案了。

回忆形状

我们在画图时，经常是从大脑中搜寻我们所认识的那个物品的样子，然后回想着这个形状并将它画出来，所以讲到东西的名字，我们脑中便会浮现出那个东西的图案，现在就要请大家通过大脑的记忆跟着一起做个练习，首先请大家在还没翻页前画一条鱼。

大家都完成了吗？画一条鱼很容易，那现在请大家画出十条造型不一样的鱼，这是个挑战，请加油！

要画出十条不同造型的鱼对你而言是不是很不容易？对大多数人来说，要画出十条不同造型的鱼是一大挑战。但是不需要担心，只要你学会了下面这个技巧，这个挑战会变得轻而易举。

现在，请画出一朵花。请你先画好自己的花后，再看下这朵花。

这是我画的一朵花，中间是一个花蕊，周围的花瓣是放射状向外的形状。如果你画的花跟这个很类似，代表你是属于自然、没有经过训练的大多数人，因为大部分的人都是这样画花的，若有一班同学同时做这个练习，结果有半数以上的同学会将花画成这样。从"图案能帮助沟通"这方面来说，这是好事，因为大家有共同的形状看法，画出的图案很容易沟通与了解。若是从创造力方面来说，答案就会令人失望了，因为这样的形状实在没有创造力。

别担心，我们接下来会结合思维导图来进行形状的大突破，我们都能创造出更多、更有创造力的形状，请你跟着我一起来动手练习。

新形态展开基础练习1

题目：蝴蝶

步骤：

（1）依照思维导图的基本做法，先将中心主题画出来。

（2）还记得三个基础形吗？现在我们就要将三个基础形放在三个主干上。

（3）抛开你对蝴蝶外形的既有印象，接着在三个主干之后分别画上支干，练习运用方形、三角形及圆形，画出不同的蝴蝶。

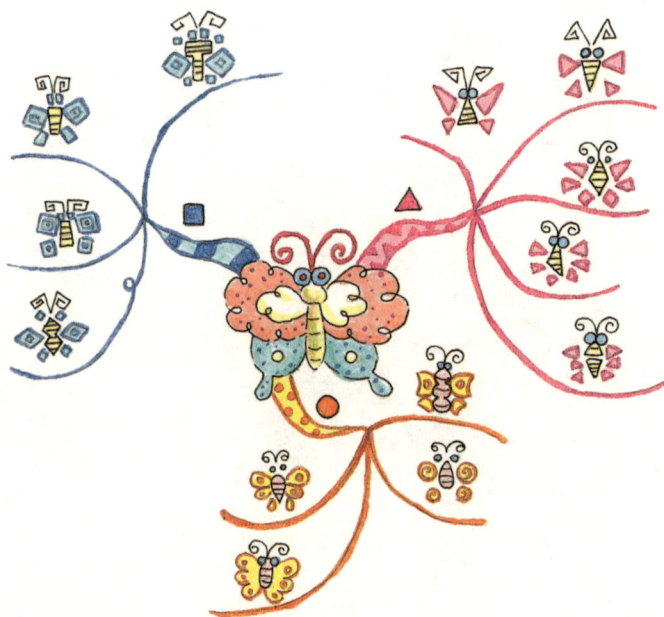

你也画出这张蝴蝶的变形思维导图了吗？如果你画的数量比我少，那么你需要放松自己的脑袋，告诉自己没有什么是不可能的，让自己好好地玩一下吧！若是你画出更多的图案，你真的非常棒！

新形态展开进阶练习 2

进阶练习是在基础练习中，加入结构分解的步骤，先将练习题目拆解成几个部分，每一个拆解出来的部位再分别用三个基础形做创意展开，最后再将各个部位结合起来，因为拆解得更细，所得到的新形态会更多。

题目：花

步骤：

（1）先将中心主题画出来。

（2）接着将一朵花拆解成花瓣、花蕊、茎、叶四大部分，并分别放置主干上。

（3）还记得三个基础形吗？现在我们就要将三个基础形放到支干上。

（4）最后就是抛开你对花外形的成见，完成花的形状思维导图。

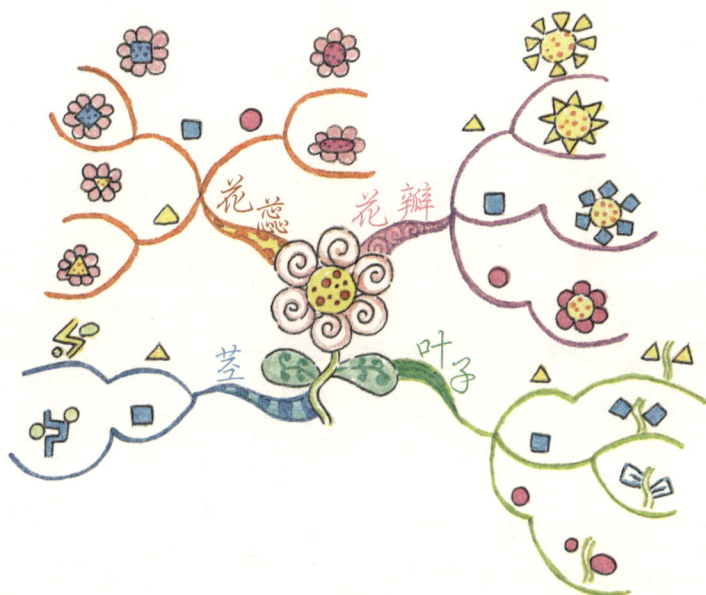

最后，依照这张思维导图展开的新形态，把花的每个部分组合一下，你可以组合出多少种花？

到这个阶段你是不是已经发现，掌握这个方法能够创造出很多种的造型，以第一个画鱼的练习来说，运用这个方法就算要画出二十种造型不同的鱼也轻而易举。

在过程中，或许你会觉得画出很多不像蝴蝶的蝴蝶，不像花的花，看起来很奇怪，连自己都觉得很不舒服。如果你有这种感觉，恭喜你，那表示你正在突破自己思维的习惯框框，这是一个创新的过程，打破旧有的框框，让想象力自由飞翔，你会越来越有创造力，想法也会越来越多元、越有弹性。就像爱因斯坦说的，想象力比知识更重要。要获得一个很棒的点子，首先你要先有很多很多的点子；同样的道理，要画出一个很棒的花造型，你要先创造出很多很多不同花的造型，再从中去选择你认为很有创意的。

想要试试自己是否可以拥有画出二十多种鱼的能力吗？如果你决定给自己一个机会突破旧思维的框框，请马上打开《你的第一本思维导图练习本》，跟着步骤一步一步地练习，很快的，你会对自己刮目相看！

IMPORTANT!
重点整理

1. 掌握特征，就能画出"像、认得出来"的图画。

2. 新形态展开基础练习。

a. 依照思维导图的基本做法，先将题目画在纸张的中央。

b. 还记得三个基础形吗？现在我们就要将三个基础形放在三个主干上。

c. 抛开你对蝴蝶外形的既有印象，接着在三个主干之后分别画支干，练习运用方形、三角形及圆形，画出不同的蝴蝶。

3. 新形态展开进阶练习。

a. 先将题目画在纸张的中央。

---

b. 接着将题目拆解成几大部分，并分别放置主干上。

c. 还记得三个基础形吗？现在我们就要将三个基础形放到支干上。

d. 最后就是抛开你对花外形的成见，完成花的形状思维导图。

4. 如果你在新形态展开的过程中发现自己画出一些不像花的花，看起来很奇怪，连自己都觉得很不舒服，那表示你正在突破自己思维的习惯框框。

9 ///////////////////////////////// 文字图像画

在开始之前，请你回想一下：当你看故事书或绘本书时，是先被文字吸引还是被图案吸引呢？我想大多数的人都会异口同声地回答：当然是图案啊，因为图案很有趣、色彩丰富。文字可以很精准地表达信息，但图案确实比较容易吸引人的目光。也比文字更容易被注意到。

所以这个章节即将介绍几个将文字与图像，用有趣及有创意的方式结合起来的进阶技巧，将更有助于思维导图上的信息传递和记忆。

当你用文字写下"太阳"，大家都能完全了解你所表达的是高挂在天空的太阳。

太阳 → 高挂天空的太阳

当你画出"太阳"的图案，大家可能会看到不一样的意义。

我看到一个太阳。

我看到天气很热。

我觉得现在是白天。

我看到晴天。

....

文字与图像各有强项，一张很棒的思维导图是文字与图案巧妙的组合，这里要介绍几个将文字与图像用有趣及有创意的方式结合起来的进阶技巧。

处理长串文字的秘诀

关键词是思维导图的一个重要技巧，越精简的关键词，看的速度越快，也越容易产生关联。然而，我们在做笔记思维导图时，常会遇到一些不适合拆解的关键词，例如：专有名词、成语或是名言佳句等。这些长串的字一旦被硬拆开，会变成语意不连接或怪怪的感觉；但是，这些长串的字不拆解会降低信息吸收的速度，也容易增加吸收信息的负担。这时，我们可以善用文字与图像结合的技巧，来处理这个两难的问题。基本的概念是将文字变成图像的一部分，如此一来，我们的大脑也会将它视为一个图案，轻松地放入记忆数据库中。现在不妨先阅读下面这张"激活孩子的阅读力"

的笔记思维导图，我们会在之后的讲解中用到这张图。

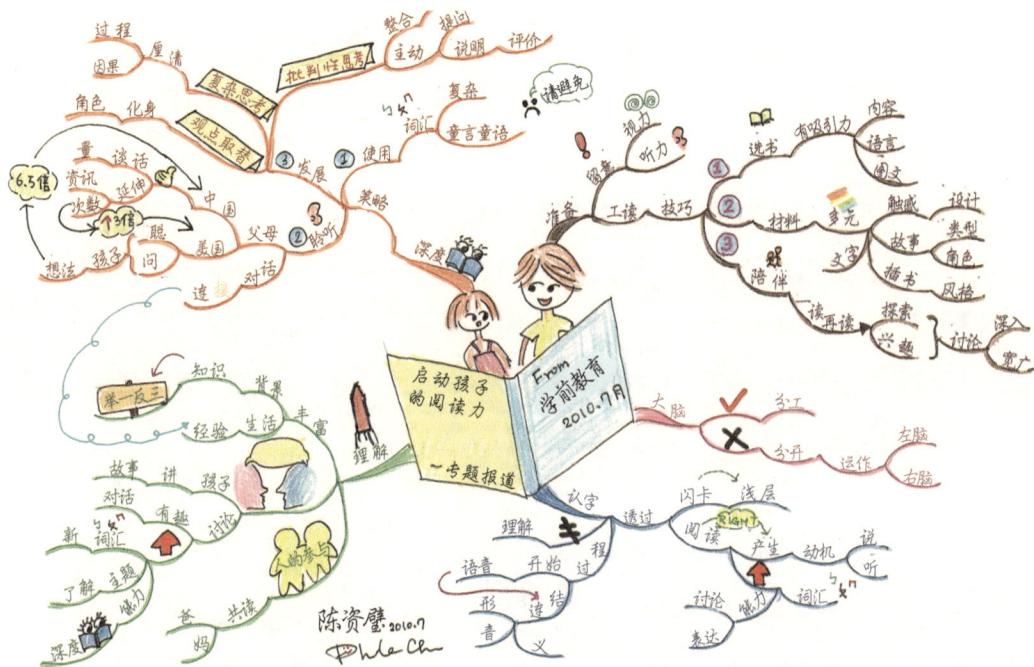

思维导图的规则告诉我们，中心主题要用一个图像来表示。然而，在我们实际做思维导图的经验中，"这个中心主题要怎么画呢？"这样的问题一定曾经出现在我们的脑海中。遇到这样的问题，你都怎么解决呢？在第二章中，我们知道最差的中心主题就是直接写出文字，再用一个圈圈将

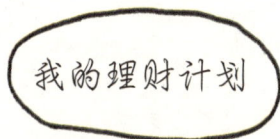

图一

图二

字圈起来，如上页右下图一。

这样的方式不仅不正确、不够生动、也不够吸引大脑注意力，甚至失去了思维导图中心主题的目的与意义。这里我们可以运用"+1"的原则，小小应用文字广告牌的小技巧，将它转变成如上页右下图二呈现的样貌。

※ 小秘诀：各种形式的广告牌应用

这个技巧不一定只能使用这样形式广告牌，各位可以加入更多的可能性，主要的目的是让单调的文字信息转化为图形，所以像是布条、彩带、旗标、相框等都是很棒的形式，下面提供一些常用的变形广告牌给各位，看到这些，我相信你可以想到更多不同的呈现方式。

这样的技巧非常简单好用，还能快速地将被框起来的文字变成一个具有图像感觉的中心主题，大脑在吸收信息时就会产生完全不同的感觉。你可以试着加入各种创意来装饰这块广告牌，比方说在广告牌四周加入霓虹灯泡或者在广告牌上加入木纹质感，甚至在广告牌外面加上彩虹、云、太阳等等，这些简单的点子都有小兵立大功的效果。

如果这样的改变对你来说轻而易举，那你可以再试试"＋1再＋1"的原则。将中心主题变成一幅图，并且在这张图中预留空间写上文字。例如前面"启动孩子的阅读力"笔记思维导图的中心主题，画了妈妈带着小孩一起读一本大书，书的封面上写上这篇笔记的文章名称、来源及出版日期。"我的理财计划"也可以运用这个进阶技巧画成左下图这样的中心主题。

同样的，在思维导图内容中如果遇到较长不适合拆解的关键词时，也可以运用以上两种方式处理。例如："启动孩子的阅读力"笔记思维导图中"人的参与""对话式""观点取代""复杂思考""批判性思考"以及"举一反三"等。

创意图形文字

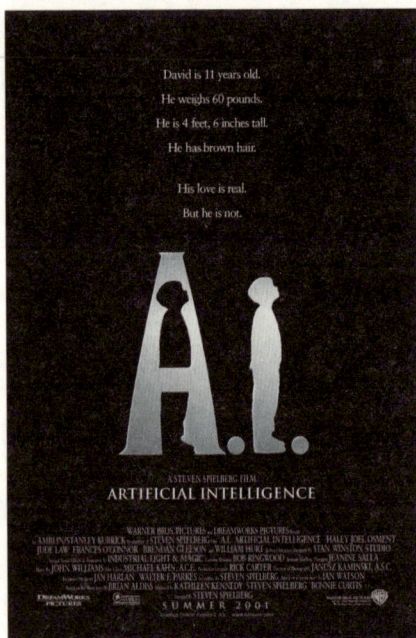

这个技巧是文字图像化的进阶技巧，运用个人独有的创意直接将文字变成图形文字，这个技巧在英文上比较常见，最常被设计师用来做英文文字的设计。举例来说：各位是否还记得《AI 人工智能》这部电影的海报设计，他将字母 A 中做一个镂空的小孩图案，再将这小孩图案移出来变成英文字母 I，这样的巧思让 AI 这两个英文字母的设计非常有创意！

这个创意玩法可以用在英文上，也可以用在中文上，因为中英文的文字结构组合不同，在想法上会产生全然不同的思考角度。

英文创意图形文字

英文字是由一个一个字母组成，每个字母看起来就像一个一个的点，每个点都可以结合相关的图案或依照字母的形状做成图案设计，我们可以结合联想开花 (Brain Bloom) 的思考技巧来激发创意，从问自己这样的问题开始：想到"单词"，会想到 _____ ？

我们现在用 LOOK 这个单词来练习一下。LOOK 中文的意思是"看"，基本思考步骤如下面这个例子：

（1）用联想开花 (Brain Bloom) 来激发创意。

问题是：想到"LOOK"，会想到 _____ ？

David 老师想到的是"眼睛""窗户""眼镜""人脸"。

（2）从 LOOK 的每个字母来进行图案构想。

David 老师想到可以将 LOOK 中的两个 OO 变成两个眼睛或一副眼镜。

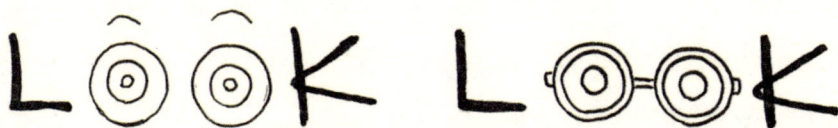

（3）英文字可以做些位移的变化设计。

David 老师想到会将 L 画得像鼻子，将 OO 画成眼镜，K 则接在后面。这个字母位移需注意不能位移太大，免得无法辨认单词。

（4）进行色彩及其他细节设计。

中文创意图形文字

中文字与英文是不同形态的文字，中文字比较像一个个的图案，每个字看起都像个方块，记得我们练习写字的练习簿吗？每一页都由一行一行的方格组成，从小我们就被教导要练习把字写在方格中，因为中文字看起来就是这样的方块，所以在创意图形文字设计上，就会结合中文字的部首、笔画、字形来进行。同样的，我们可以结合联想开花 (Brain Bloom) 的思考技巧来激发创意。

我们同样来练习"看"这个字，基本思考步骤如下面这个例子：

（1）用联想开花 (Brain Bloom) 来激发创意。

问题是：想到"看"，会想到 _____？

David 老师想到"看"会想到"眼睛""窗户""眼镜""人脸"，这个步骤中英文并没有太大差异，全部取决于你的思考。

（2）从"看"这个字的形态来进行图案化构想。

David 老师想到可以将"目"，直接变成眼睛。

（3）进一步的设计修整图形。

可以再将看的上半部画成弯弯的，做成像睫毛的感觉。

（4）进行色彩及其他细节设计。

另外，中文的象形文字，本身就是一幅图画的概念，所以要将象形文字转成图案就更直接容易了，即使我们不知道原始的象形文长相，也可以很容易运用以上教的方法把它转成创意图像，例如以下这些：

| 山 | 川 | 田 | 旦 | 門 |

像这样把英文字本身图像化的英文创意文字，经常出现在西方人的思维导图中，因为这样非常引人注意，而且好玩又好记。同样的手法，在中文很少出现，因为大部分的人都觉得这样的玩法是英文的专利，殊不知中文也可以这样玩。如果你还没试过这个技巧，现在就用《你的第一本思维导图练习本》里的题目，开始文字图像画的第一次练习吧！

IMPORTANT!
重点整理

1. 不便拆解的一长串文字如何处理，以中心主题为例。

    a. 避免最差的中心主题：直接写出文字，再用一个圈圈将字圈起来。

    b. 应用文字广告牌的小技巧，将文字转变成图像。

    c. 将中心主题变成一幅图，并且在这张图中预留空间写上文字。

2. 英文创意图形文字。

    a. 用联想开花 (Brain Bloom) 来激发创意。

b. 从英文单词的每个字母来进行图案构想。英文字可以做些位移的变化设计，但要注意不能位移太大，免得无法辨认单词。

c. 进行色彩及其他细节设计。

3. 中文创意图形文字。

a. 用联想开花 (Brain Bloom) 来激发创意。

b. 从中文字的形态来进行图案构想，例如部首、笔画、字形等。

c. 进行色彩及其他细节设计。

IV

思维导图法基础运用

笔记是什么？一个学生说：有笔就能记，就叫作笔记。

笔记记什么？记老师说的话，记老板交代的事，还是记白板上密密麻麻的资料？你的笔记记的是完整的信息，还是记重点信息？

学了思维导图之后，最实用也是很多人需要的基础应用，就是思维导图笔记。思维导图笔记技巧从画重点的技巧开始学起，重点画得正确，可以协助我们将信息去芜存菁，只留下真正重要的信息。关键词的筛选和组合，配合我们在第二章中学到的分类和 BOIs 技巧，是完成一张有条理的重点思维导图笔记的基础功夫。

在这一篇里面，我们也会用详细的步骤介绍迷你思维导图 (Mini Mind Map) 与思维导图总图 (Mater Mind Map) 的组合技巧，协助你做信息整合。主干式思维导图在应用上有很大的自由跟弹性，以主干为大类的重点整理，优点是方便善用零碎时间以及容易走过漫长的学习适应期。连接线、色块、图像、括号的应用，可以凸显笔记重点之间的关联性，让你的笔记应用更灵活！

10 /////////////////// 思维导图笔记技巧

据说，小孩最受不了唠叨的父母；工作上，我们也很怕遇到碎碎念的老板、同事；而报告没有重点的员工，也让日理万机的老板们伤透脑筋。于是，"请你讲重点"这句话就一直出现在不同时间、不同场合里，可见大家对于琐碎没有重点的沟通都敬而远之。如果把学习笔记看成是跟大脑的一种沟通，那么我们平常传达给大脑的内容是琐碎、杂乱无章的内容，还是经过去芜存菁的重点呢？

行列式笔记与思维导图笔记的不同

常见的笔记都是把重点一行一行写在横条纹的纸上，如果你的功力够好，可以一气呵成，做成像左下图这样看起来既整齐又整洁的笔记，内容几乎把老师或老板讲的每一句都完美、一字不漏地抄下来。

然而，有时不是你的功力不够，而是台上的主讲一下子讲这个，一下子讲那个，明明已经讲到后面了，却又跳回前面去补充说明，以至于我们一张原本整齐清洁的笔记最后往往变成右下图这样了。

话说回来，笔记会变成这种惨不忍睹的乱，也不完全是台上那个人的责任。当我们站在台上时，我们能不能把内容说得井井有条，以及我们的逻辑思考能发挥多大的效用，跟我们平日的训练有关。如果加上"紧张"这个情绪来捣乱，脑中没有一片空白就不错了，更何况，每个人的说话方式，或多或少都有一点跳跃，因为我们嘴巴说话的速度，永远赶不上大脑思考的速度，所以难免会发生讲到后面要回来补充前面重点的状况。

重点是，这样的混乱有没有办法解决或改善呢？做笔记的方式一定要整句都写下来吗？笔记一定要写成一行一行的吗？整齐的笔记就等于清楚的笔记吗？现在我们就以下面这段短文为例，来看看这两种不同笔记方式的差异。

昆虫的头部

昆虫的头部有着各种感觉器官，包括触角、眼睛以及口器。触角除了有触觉外，有时还会传递气味信息。昆虫眼睛分为单眼和复眼，有些昆虫只有其中一种，有些则两种都有。单眼是感光的，复眼是看物体的眼睛。昆虫的眼大多是复眼。复眼由上千只单眼组成。每只小眼会独立成像，总体合成一幅网格样的全像。在头部还有口器。它们的上颚是有力的嚼咬工具，下颚主要是稳住和进一步细嚼食物。

※ 这是行列式重点笔记：

昆虫的头部
1. 昆虫的头部有着各种感觉器官，包括触角，眼睛以及口器。
2. 触角除了有触觉外，有时还会传递气味信息。

3. 昆虫眼睛分为单眼和复眼，单眼是感光的，复眼是看物体的眼睛。

4. 口器的上颚是有力的嚼咬工具。下颚主要是稳住和进一步细嚼食物。

※ 这是思维导图重点笔记：

行列式笔记是把重点整句记下来，配合标号的使用，让内容看起来很有顺序，但内容没有分类整理。思维导图笔记是只写关键词，而且用放射状的方式把关键词依照逻辑分类整理过。你可以试着运用第一章看思维导图的方法来读这张思维导图笔记。

触觉
触角
传递 信息 气味

嚼咬
上颚
口器
稳住
下颚
细嚼

昆虫的
头部

眼睛
单眼 感光
复眼 看 物体

　　这两种笔记哪一种可以用较少的文字来传达重点内容？哪一种看得比较清楚？思维导图的结构表面看起来没有常见的行列式笔记清楚，但经过分类整理的内容却比行列式笔记更容易理解和吸收，关键词的筛选技巧也让重点内容更减量，用最少的字而且容易吸收的方式来记录最多的重点，是思维导图笔记的最大功效。

什么是关键词？

　　关键词就是重点，而且是精简的重点，让我们在满天飞舞的想法中，找到重点，当我们在面对庞杂的信息时，能够去芜存菁找到所需要的部分。

（1）关键词以一个字、词、名句概念为主

　　思维导图从西方传到东方，在中英文的转化上，因为文字结构的不同，有时会产生一些误解。关键词有一个很重要的定义，在英文是"one word per line"的概念，这几个字曾被翻译成"每条线只能写一个字"的中文，因此误导了很多人，甚至有人因此质疑这个概念把文义拆得太破碎而刻意

忽略这个核心概念。

在英文里，problem 是一个单词，翻译成中文"问题"是两个中文字，代表一个概念，所以在中文里，"问题"这个词应该被视为一个关键词。以此类推，"问题分析"，是两个关键词，分别是"问题"与"分析"；"问题分析与解决"是三个关键词，分别是"问题""分析"与"解决"。

文字结构的不同，应该把"one word per line"这个核心概念翻译成"每条线只能写一个关键词"。在中文的文字里，关键词可能是一个字或一个词，例如："书店""买""杂志""文具"。

中文里，有些成语或是谚语一旦拆开了会丧失原意，或是怪怪的，这时不需刻意拆解，保留原貌也可以。

（2）关键词大部分是名词或动词

举凡人、事、时、地、物，事件发生的原因、经过、结果、影响力等，都可能是关键词，这些重要信息几乎都是名词居多，所以初学者最先掌握的关键词往往是名词。动词通常代表方向性，可能跟结果有关系，也是重要的关键词。举例来说：如果我们撷取的关键词是：

"海平面""每年""上升""2 厘米"

我们很清楚知道这几个字所代表的信息是什么。如果我们撷取的关键词是：

"华尔街""股市""110 点"

这几个关键词可能会让人很心急，到底是"涨"了 110 点，还是"跌"了 110 点？这个着急来自于信息不清楚，因为少了关键性的动词。

（3）关键词是强烈的联想挂钩

关键词可以让大脑想到这个字词所代表的意义、相关重要内容，以及当时学习的情景等，所以关键词通常能刺激我们的联想力，让我们看到这个字词时，马上可以联想出很多相关的重要信息。

为什么一定要一个关键词？

做重点笔记时，一个关键词的原则可以帮我们保留一些整理的弹性和空间，这些弹性和空间，我们称之为"活口"。我们用下面这篇短信息来说明：

阅读有助于学习认字，通过阅读，学生可以经常接触不同的词汇，听到的多，有机会讲，会产生说与听的动机。

这是没有遵守关键词原则的错误范例：

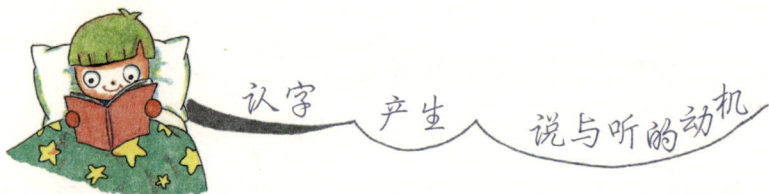

这是有遵守关键词原则的正确范例：

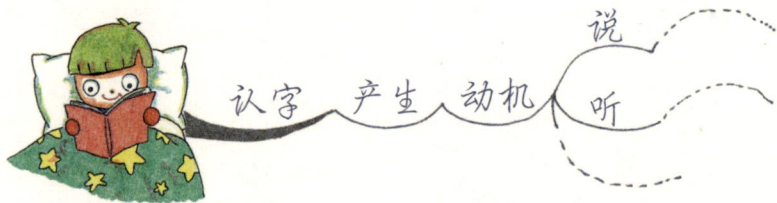

在这篇信息中，替"动机""说""听"保留了"活口"这项关键词的技巧，如虚线所示。如果接下来我们要把相关的信息整合进来，可以轻松地接在下面。

认字　产生　动机　说　听　写　故事　心得

重点该怎么画

从小学开始，老师就教我们读书要画重点、大部分的人画重点的装备不是红笔就是荧光笔，慎重的人可能外加一把尺。当听见老师说"这段很重要，考试会考哦"，大家的第一个反应就是马上拿出自己的装备，把会考的这一段全部画下来。

昆虫的头部有着各种感觉器官，包括触角、眼睛以及口器。触角除了有触觉外，有时还会传递气味信息。昆虫眼睛分为单眼和复眼，有些昆虫只有其中一种，有些则两种都有。单眼是感光的，复眼是看物体的眼睛。昆虫的眼大多是复眼。复眼有上千只单眼组成。每只小眼会独立成像，总体合成一幅网格样的全像。在头部还有口器。它们的上颚是有力的嚼咬工具，下颚主要是稳住和进一步细嚼食物。

因为我们所受的教育经验告诉我们："会考＝重点"，"重点＝画下来"。事实上，我以前也是这样做的，而且做完之后，心里往往感到无比的安心，因为重点全部被我画起来了！

但是，仔细思考一下画重点的目的，应该是让我们在复习时，能够直接看到重点，省去看那些不重要信息的时间，所以画重点是一种筛选的过程，把重要信息挑出来，别再让不重要的信息占用我们的时间。站在这个角度上看，我们以往画重点的方式仍有很多精简的空间。

思维导图重点画法只画关键词，因为画的文字量减少了，所以可以大大省略掉很多复习的时间，就像下面这样：

昆虫的头部有着各种感觉器官，包括触角、眼睛以及口器。触角除了有触觉外，有时还会传递气味信息。昆虫眼睛分为单眼和复眼，有些昆虫只有其中一种，有些则两种都有。单眼是感光的，复眼是看物体的眼睛。昆虫的眼大多是复眼。复眼有上千只单眼组成。每只小眼会独立成像，总体合成一幅网格样的全像。在头部还有口器。它们的上颚是有力的嚼咬工具，下颚主要是稳住和进一步细嚼食物。

比较一下这两种画重点的方式，哪一种更能突显重点？你有没有发现，当画的重点变少了以后，信息吸收突然轻松了许多？而且少画的部分，并不会影响我们对内容的理解，也就是说，当我们看着自己画的关键词复习这篇内容时，依然可以理解这篇文章的重点内容。

如何把关键词组合成一张思维导图

　　关键词画出来之后，接着把这些关键词分类整理，画成一张有逻辑的思维导图。记得第二章的分类方法吗？从这些关键词中先找出大类，再依序将相关的内容分类，接在每一个大类之下。以上篇"昆虫的头部"为例，文中提到昆虫的头部有各种感觉器官，包括触角，眼睛以及口器。接下来的文字都在说明这三个感官的组成或功用。所以我们可以将这篇的重点先分成"触角""眼睛"以及"口器"三大类，这三大类就是笔记思维导图的主干。

　　主干出来之后，接着将内容分别接在所属的主干之下。例如：触角底下有"触觉"，还会传递气味信息。"触觉"可以直接接在"触角"之下，传递气味信息是三个关键词，分别是"传递""气味""信息"，依照大类、中类、小类的观念，接在触角这个主干下面，会呈现"触角"→"传递"→"信息"→"气味"的路径，如下页图一所示：

图一

　　昆虫眼睛分为"单眼"和"复眼"，因为单眼跟复眼都是眼睛的一种，所以"单眼"和"复眼"两个关键词都要直接接在"眼睛"下面，在"单眼"和"复眼"之下，再分别接上说明的信息。口器这个主干的重点接法也依此类推。文字信息全部分类、依序整理好之后，在重点中的重点旁边加上图像提醒我们注意，这张思维导图重点笔记就完成了！

图二

组合式思维导图做法：从迷你思维导图到思维导图总图

　　小范围的思维导图重点笔记上手了之后，可以试试较大范围的信息整理。如果你有充足的时间，当然可以一气呵成将全部重点整理成一张思维导图。在初学阶段，或在时间不多的情况之下，你也可以采取分段进行的方式，将文章内容先分段，再一一处理。这样的方式既简单又可以利用零碎时间分次完成。

　　以下面这篇文章为例，请你先把这篇文章看一遍。

昆虫的身体

昆虫的身体分为头部、胸部和腹部三部分。

头部

头部有着各种感觉器官，包括触角、眼睛以及口器。触角除了有触觉外，有时还会传递气味信息。昆虫眼睛分为单眼和复眼，有些昆虫只有其中一种，有些则两种都有。单眼是感光的，复眼是看物体的眼睛。昆虫的眼大多是复眼。复眼有上千只单眼组成。每只小眼会独立成像，总体合成一幅网格样的全像。在头部还有口器。它们的上颚是有力的嚼咬工具。下颚主要是稳住和进一步细嚼食物。

胸部

胸部由前胸、中胸与后胸三节组成。一般具有三对足与两对翅。位于中胸背面的一对是前翅，位于后胸的是后翅。翅是昆虫用以飞行的工具，上有许多翅脉。翅脉的走向和分布可作为分辨昆虫种类的重要特征。

触觉
触角 传递 信息 气味

嚼咬
上颚 口器
稳住 下颚
细嚼

昆虫的
头部

单眼 感光
眼睛
复眼 看 物体

迷你思维导图
Mini Mind Map

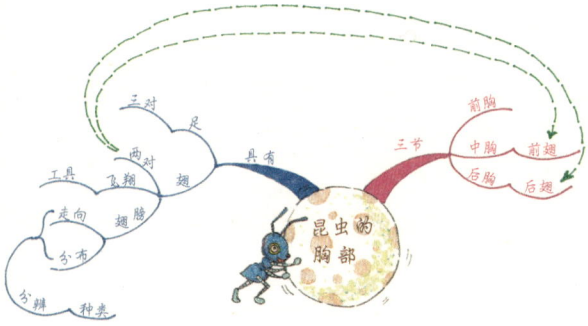

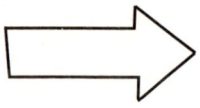

三对 足
具有
向对 翅
工具
飞翔 翅膀
走向
分布
分辨 种类

前胸
中胸 前翅
三节 后胸 后翅

昆虫的
胸部

迷你思维导图
Mini Mind Map

交尾器
多数
产卵器
尾丝 部分 末端
尾铗 呼吸管
螫针

环节
10
11
or

昆虫的
腹部

消化
器官
生殖

迷你思维导图
Mini Mind Map

154

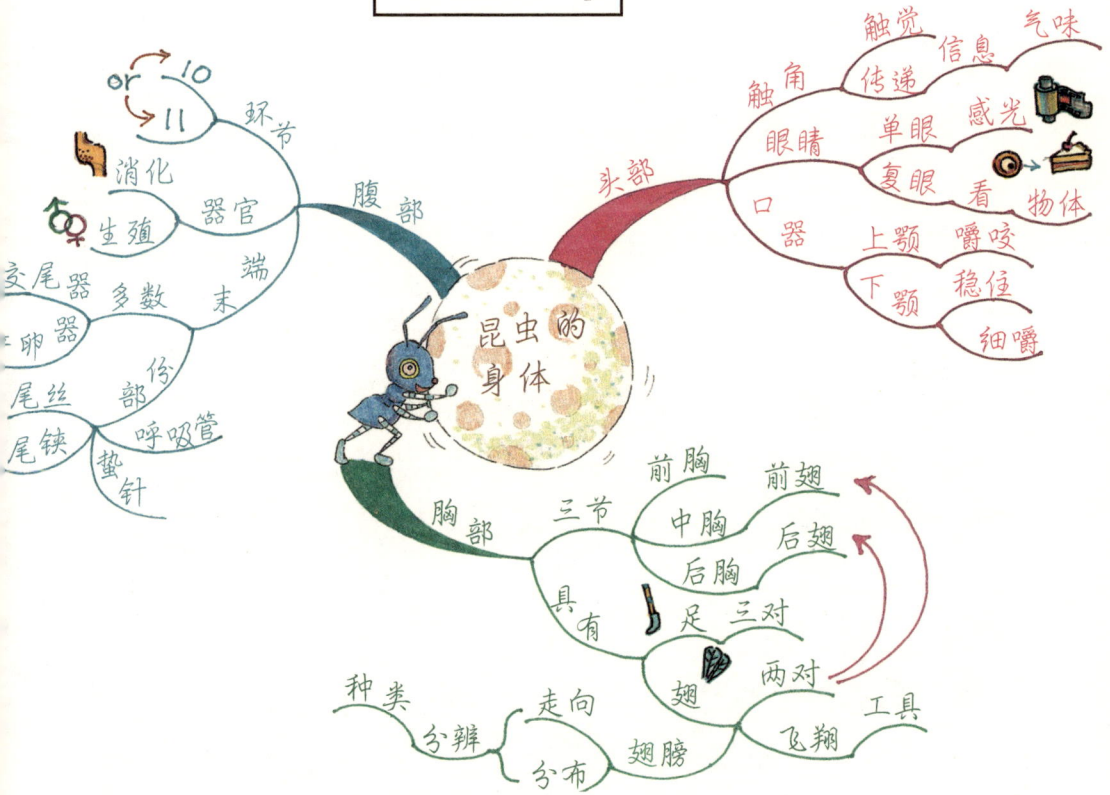

昆虫的身体

头部
触角 — 传递 — 触觉 / 信息 / 气味
眼睛 — 单眼 — 感光
复眼 — 看 — 物体
口器 — 上颚 — 嚼咬
下颚 — 稳住 / 细嚼

腹部
环节 — or 10 / 11
消化
器官 — 生殖
末端 — 多数 — 交尾器 / 产卵器
部分 — 尾丝 / 尾铗 / 呼吸管 / 蜇针

胸部
三节 — 前胸 / 中胸 / 后胸 — 前翅 / 后翅
具有 — 足 三对
翅 — 两对 — 飞翔 工具
翅膀 — 分辨 — 种类 / 走向 / 分布

腹部

　　腹部是昆虫身体的最后一段，通常由十或十一个环节组成，是消化、生殖等器官之所在。多数昆虫腹部末端有交尾器或产卵器，部分昆虫有尾丝、尾铗、蜇针或呼吸管。

这篇文章开头就很清楚地说明昆虫的身体分为头部、胸部和腹部三部分，接下来的内容是分别针对这三部分作说明。这是本身就很有结构的内容，我们大脑可以很清楚地将这篇信息分成头部、胸部和腹部三段来处理。你可以在不同时间针对头部、胸部和腹部三段内容分别做成三张思维导图重点，再找时间将三张思维导图合成一张大思维导图，并在重点位置加上插图。

在这个由几张思维导图整合成一张大思维导图的技巧中，昆虫的身体这一张我们称之为思维导图总图 (Master Mind Map)，昆虫的头部、昆虫的胸部、昆虫的腹部这三张我们称之为迷你思维导图 (Mini Mind Map)。

组合式思维导图的重点是先阅读完整篇信息，对全部内容有整体了解后，再依照信息内容分段处理。这样一来，每次处理的信息量减少了，对初学者来说，容易上手；对时间繁忙的人来说，容易找到零碎的时间来分段整理，这是思维导图使用者一定要学会的好用技巧。

在《你的第一本思维导图练习本》中，有从短到长的文章，让你可以慢慢地增加练习难度，建议你一次做一篇，从而体会自己进步的喜悦！

IMPORTANT!
重点整理

1. 行列式笔记是把重点整句记下来，配合标号的使用，让内容看起来很有顺序，但内容没有分类整理。思维导图笔记是只写关键词，而且用放射状的方式把关键词依照逻辑分类整理过。

2. 关键词是一个字、词、名句概念，大部分是名词或动词，而且是强烈的联想挂钩。

3. 思维导图重点画法只画关键词，这样可以降低信息量，节省时间，也让重点更突显。

4. 思维导图笔记的做法是先画关键词，接着运用分类技巧从所画的关键词中找出大分类，再依序将相关的内容分类，接在每一个大类之下，最后在重点中的重点旁边画上插图凸显重要性，思维导图重点笔记就完成了。

5. 面对长的文章时，可以采取组合式思维导图做法：先将文章重点依大类分段，再将分段重点整理成迷你思维导图 (Mini Mind Map)，完成后再汇整成思维导图总图 (Master Mind Map)。

6. 组合式思维导图的做法是将每次处理的信息减量，既容易上手，也容易找到零碎时间分段整理完。

11 /////////////////// 思维导图进阶技巧

学习不是一蹴而就的，学习需要通过不断地练习才能精进，这些没人可以帮你做，你必须自己经历，对学习才有帮助。现在我们要介绍一个小技巧"主干式思维导图"，帮助你克服初学阶段的适应期。

主干式思维导图

画一张思维导图要花多少时间？

我没时间画思维导图？

我觉得还是用原本的行列式比较快……

你也曾经出现过这样的疑惑吗？

很多人学了思维导图笔记技巧之后，没有持续使用的原因，都是因为"画一张思维导图要花好多时间"而放弃。对一个初学者来说，如果每次画一张思维导图都要花一两个小时的时间，的确是一个沉重的负担。但是老师都告诉我们："学习不是一蹴而就的，学习需要通过不断地练习才能精进，这些没人可以帮你做，你必须自己经历，对学习才有帮助。"这些话说得没错，但是否有方法来让我们度过这些学习历程呢？现在我们就来介绍一个小技巧——"主干式思维导图"，可用它来帮助你克服初学阶段的适应期。

听演讲或上课时，要把重点整理成思维导图，不一定要从画中心主题开始，也不一定要把重点写在另一张白纸上。你可以运用"主干式思维导图"技巧，将局部的重点信息，通过分类思考，以大类为主干，直接在课本或数据旁边，做成主干式的重点记录。

以这篇"海积地形"为例，每一个段落都可以整理成一个主干式思维导图，每个小段落的标题正好可以当成主干的关键词，就像这样：

沙洲　海滩　海浪　侵蚀　海岸
沙嘴　常见　岛　岩屑　堆积
陆连

所谓海积地形是指海浪对海岸进行侵蚀之外，还把侵蚀造成的岩屑运到适当的地方，堆积而形成的。常见的有海滩、沙洲、沙嘴和陆连岛等。

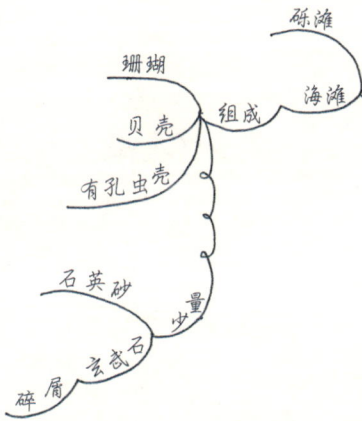

珊瑚　砾滩
贝壳　组成　海滩
有孔虫壳
石英砂　少量
碎屑　玄武石

海滩

海滩可分为砾滩及沙滩，沙滩的沙是由碎屑的珊瑚、贝壳、和有孔虫壳及少量的石英砂、玄武岩碎屑等组成。

沉积物　以沙为主　堆高　露出　水面

沙洲

凡是以沙为主的沉积物在水底逐渐堆高，以至露出水面的地形称为沙洲。

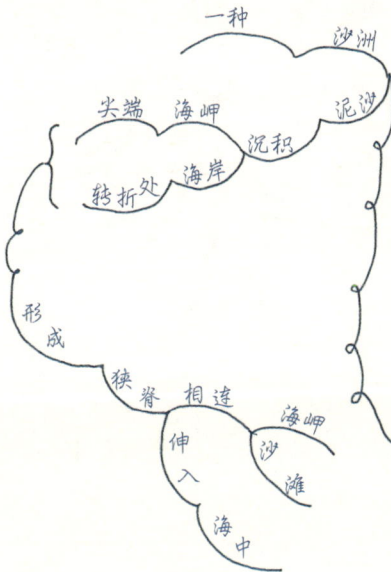

一种　沙洲
尖端　海岬　泥沙
转折处　海岸　沉积

沙嘴

沙嘴也是沙洲的一种形态，多由沿岸流域海浪搬运泥沙，在海岬尖端或海岸之转折处沉积，形成一列高出海面的夹脊，一端与海岬或沙滩相连，另一端则伸入海中。常成钩状(弧形开口向陆地)，或反钩状(弧形开口向外海)。

形成
狭脊　相连　海岬
伸入海中　沙滩

常成　钩状　弧形　开口　陆地
反钩状　弧形　开口　外海

很多学生在学校上课时，利用下课休息时间或是边上课就边将老师提到的重点整理成主干式思维导图；也有在家复习时，边看书边顺手将课本上的小段落整理成一个个的主干式思维导图。等到有比较长的一段时间，再将这些主干重点整理成完整的思维导图或是迷你思维导图。重新整理的过程中，也给大脑再一次机会重新组织这些重点，在大主题的整合过程中，也可以将随手做的主干式思维导图内容做调整。

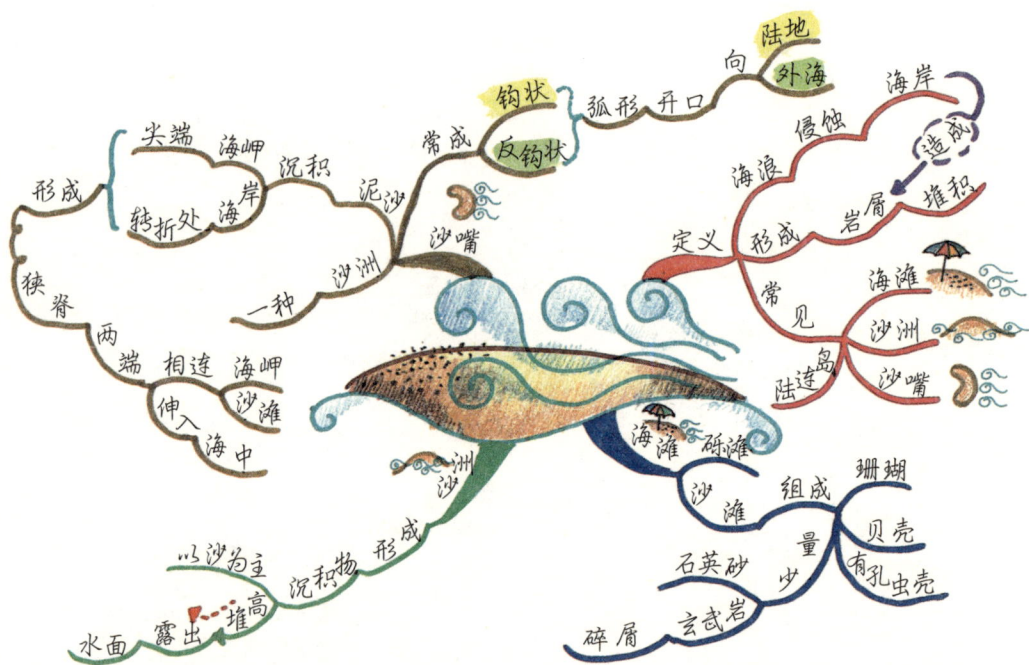

主干式思维导图与迷你思维导图有异曲同工之妙，不同的是，主干式思维导图在应用上更为自由跟弹性。以主干为大类的重点整理，范围可以比迷你思维导图小得多，需要的时间也少得多。同样的是，都会有跟其他信息再次整合的机会，而整合的过程中，我们的大脑也重新检视跟组织重点内容，无形中再次训练我们的分类及组织思考，也再次复习了重点内容。

主干式思维导图 ⟹ 完整思维导图

主干式思维导图 ⟹ 迷你思维导图

相同或相关的概念如何表示

在做笔记时，常常会遇到同一个关键词出现在不同的支干上，或是关键词之间彼此有关联性的情形，这时我们可以用以下的技巧来凸显这个重点在这张思维导图中的关联性。

（1）连接线

连接线是最常使用的技巧之一，直接将相同或相关的两个概念用线连接起来，连接线中间可视需要插入文字说明，说明连接线两头的相关性。例如"海积地形"思维导图笔记中，我们看到右上角的连接线中间插入了"造成"这个关键词，代表的意义是"海浪侵蚀海岸造成岩屑的堆积"。

（2）色块

色块是最方便的技巧，很适合用在相隔较远的两个关键词或是位置上不适合拉连接线的地方，用不同的色块来代表信息之间的关系，也是简单又有效的技巧。例如"海积地形"思维导图笔记中，两个黄色的色块"钩状"与"陆地"让我们联想到："钩状弧形开口向陆地"，两个绿色色块"反钩状"与"外海"告诉我们的重点是："反钩状弧形开口向外海"。

（3）图像

完全相同的图像可以产生很强烈的联想作用。这里说的完全相同指的是图的形状、颜色都必须一样。在"海积地形"思维导图笔记中，我们发现"海滩""沙洲""沙嘴"三个主干上的关键词都在"定义"这个主干的信息中出现过，所以在这三个重复出现的关键词旁都分别画了一模一样的图来提醒我们的注意。

这几个进阶技巧都很好用，但是请不要滥用。我们来想象一下，如果一张思维导图拉了好多

条五颜六色的连接线，会不会觉得乱乱的？如果一张思维导图上充满了各种颜色的色块，会不会有点眼花缭乱？这几个技巧是为了让大脑更清楚重点信息彼此间的关联性，为了避免造成混乱的反效果，建议以上三个技巧视状况搭配使用！

（4）括号

放射性思考（Radiant Thinking）是思维导图著名的思考方法，是一种扩散式思考，帮助我们产生多而丰富的想法，因为如此，思维导图常被人误以为只能扩散，不能收敛。其实思维导图的收敛着重在思考上，思考的过程通常在大脑中进行，在技巧上可以通过括号来表达视觉上的收敛。在上一张"海积地形"思维导图笔记中，我们可以发现有两个蓝色的括号，都是将扩散出去的重点做归纳或整合整理的技巧。

进阶再进阶

思维导图的入门很简单，所以在英国被称为9岁到99岁的人都能学习的方法。一旦你踏上了思维导图学习之路，在你一步步往前走的过程中，你可能会有这样的发现：

啊！没想到求婚也能用思维导图……

哦！原来这样就解决了！

原来，思维导图还可以用来解决两难的问题……

原来，连接线有实线、虚线、单箭头、双箭头还有跨线技巧……

原来，颜色管理的进阶用法这么清楚……

原来，思维导图还有这么多可以学的……

原来，思维导图还可以这样用……

原来……

这些惊呼跟"原来"的发现，都是你进步的轨迹。有句话说：站在门外看，你看到的是一扇门，进了门，你才知道里面的世界有多大！思维导图的各项技巧在不同领域有不同的变化方式，例如：关键词在笔记技巧及创意发想时，有不同的使用技巧；在个人应用及公众简报时，也有不同的注意事项。颜色、图像也有不少变形的应用。

思维导图可以用来做什么？有人说，思维导图是学习和工作的好帮手，也有人说，思维导图就像一把万用刀，可以解决所有的困难。我认为，思维导图可以用在人生的各个阶段，生活的多个面向，只要你需要用到脑袋的，思维导图都用得上。小到一张纸条，大到一个国家的危机处理，都有人用思维导图来协助自己。

思维导图在全球的使用人数估计已经超过六亿人，而通过这些人的使用，让思维导图的应用领域每天都在扩大中。邀请你加入让思维导图应用领域扩大的行列，也许有一天，我会接到来自你的分享，那将会让我开心一整天！

我用思维导图通过博士班考试哦！

天啊，真不敢相信我用思维导图拿到一个大案子！

我用思维导图买到一间梦寐以求的房子耶……

我用思维导图替全家买了圣诞礼物，每个人都好开心……

还有……还有……

我相信，还会有很多很多令人兴奋的用法，都等待我们一起去发现和创造。接下来，我们会陆续出版一些思维导图在各领域的应用系列，通过简单操作的步骤，协助大家进入更多思维导图的进阶应用阶段。

但是现在先别急！把基础打好，记得做《你的第一本思维导图练习本》中的练习，一步一步走稳，你的精彩进阶应用已经不远了！

别小看自己！不管你以前在学习上遇到多大的挫折，或是曾被多少人笑过"图痴"，你绝对有能力可以扭转以往的经验，为自己打造一个截然不同的生活样貌，只要你愿意改变，只要你愿意开始，就有能力改变！

IMPORTANT!

重点整理

1. 主干式思维导图是将局部重点信息通过分类思考，以大类为主干，直接整理在课本或数据旁边。不一定要从画中心主题开始，也不一定要把重点写在另一张白纸上。

2. 主干式思维导图在应用上有很大自由跟弹性。以主干为大类的重点整理，一次整理的范围可以很小，需要的时间也少得多。

3. 同一张思维导图中相同或相关的概念可以用连接线、色块、图像来处理。

4.思维导图的收敛着重在思考上，思考的过程通常在大脑中进行，在技巧上可以通过括号来表达视觉上的收敛。

12 /////////////// 书籍的重点整合技巧

如果你想挑战将一本书整理成一张内容详细的思维导图，你可以试着练习将已经整理好的各篇章重点思维导图浓缩成一张。这个汇整的过程是一个重点再整理、再浓缩的过程，也可以视为将多张迷你思维导图 (Mini Mind Map) 汇整成一张思维导图总图 (Master Mind Map) 的过程。

一本书如何整理

"一本书可以做成几张思维导图？"

教思维导图多年以来，这是最常被问到的问题之一。一本书可以做成一张思维导图，也可以做成十张思维导图，中间的取舍要看你对这本书的信息需求程度而定，也要看你对主题背景知识的丰富度来衡量。

如果你是在书店或网站闲逛时，偶然看到一本引起你好奇心的书，因为好奇产生一股想知道这本书在写什么的渴望，那么你可以把这本书的大重点整理成一张思维导图就好了，因为这张思维导图对你来说，是满足好奇心用的，是为了有个初步的了解用的；如果这本书是你需要精读的，或者书里的内容是要考试用的，你想尽其所能、丝毫没有遗漏的将整本书的重点都装进脑袋中，这时，你需要将书的内容依照结构先整理成一张大方向的思维导图，再依照架构分类，分别整理成很多张详细的思维导图。

我们换另一个角度来说，如果这本书的主题是你很熟悉的，大部分的内容你都可以滚瓜烂熟地挂在嘴边，甚至你每天都会用到它，这些已经很熟悉而且经常被拿出来用的内容就不需要再次整理成思维导图，因为它已经在你的脑袋中了。这时，建议你只要整理书中对你来说是新知识的就好，在这样的情况下，整理出来的重点信息应该不多，可能一张思维导图就可以搞定；如果这本书的主题对你来说是陌生的，却又是必须理解、吸收甚至记忆的信息，那经过精读后整理出来的重点，应该就不止一张思维导图了。

重点整合：以《你的第一本思维导图操作书》为例

你正在看的《你的第一本思维导图操作书》这本书属于一本结构清楚的书，如果你希望通过这本书把思维导图学会、学好，建议你将本书的重点依照章节详细整理，方便日后温故知新。

首先，你可以先看一下目录，让自己对这本书的内容跟结构有个概括性的了解。接着，在看完每个章节后，将每个章节的重点整理成一张思维导图笔记，就如同本书每个章节后的思维导图重点整理那样。虽然我们替你整理好了，还是建议你自己做一次，因为要整理成思维导图笔记之前，我们的大脑必须先了解内容，厘清重点，并且组织重点，让这个过程在自己的脑袋中进行，学习效果最好。

如果你想挑战将一本书整理成一张内容详细的思维导图，你可以试着练习将已经整理好的各篇章重点思维导图浓缩成一张。这个汇整的过程是一个重点再整理、再浓缩的过程，也可以视为将多张迷你思维导图 (Mini Mind Map) 汇整成一张思维导图总图 (Master Mind Map) 的过程。

汇整步骤

（1）依照这本书的书名或概念画中心主题。

（2）依照书的架构或迷你思维导图的内容规划思维导图总图的架构，以决定主干为主，也可以包括支干。从这本书的目录来看，我们可以将五个篇名作为思维导图总图的五个主干，再将每个章节名称依照各篇架构接在对应的主干之后作为支干。

（3）将每张章节重点思维导图再次浓缩，筛选出重点中的重点，整理在每个支干之后。

汇整注意技巧

从迷你思维导图到思维导图总图的信息汇整，请注意以下几个技巧。

（1）关键词

在信息取舍、浓缩时，可以采用合并关键词的技巧，将两个关键词合并成一个，例如：在"如何看一张思维导图"章节中，将"记住"与"信息"这两个关键词浓缩成"记忆"一个关键词。这个技巧的目的是在文意完整的前提下，让信息更精简，所以合并时，要注意整合后关键词意义的完整性。

（2）BOIs

在 BOIs 原则许可的弹性下，信息分类可以做一些调整或变化。例如：在"如何看一张思维导图"章节中，迷你思维导图中的"步骤"底下接出三条支干，代表三个步骤，并用①②③标号标示步骤顺序，转成思维总图时，为了空间配置上的考虑，在"步骤"后改成用接龙的画法，配合连接线的使用来表示步骤的时间顺序性："步骤"→"中心主题"→"主干"→"支干"，因为两种表达方式都可以显示步骤的顺序先后，加上空间运用的考虑，所以做这样的调整。

（3）插图

同样的概念最好使用相同或类似的插图，这样做可以让看这张思维导图的人很快关联思维导图总图与迷你思维导图的相同信息。

浓缩过程

以这个例子来说，重点汇整的关键在第三步骤，也就是浓缩的考虑点跟技巧。我们来看每个章节的浓缩过程是如何思考的。

（1）如何看思维导图

这个章节中，看思维导图的顺序，以及思维导图让我们看过就记住的元素是很重要的，所以浓缩出来的重点放在看思维导图的步骤以及记忆的要素。

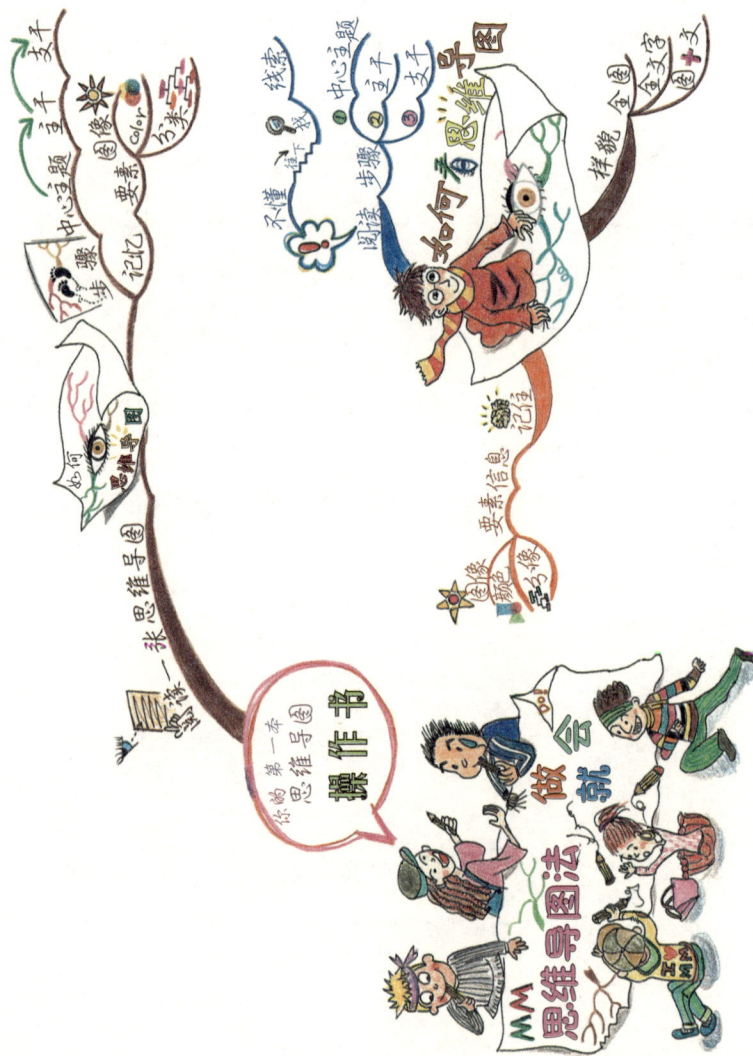

（2）思维导图法的逻辑思考训练

这个章节的内容是通过分类活动训练我们的逻辑思维模式。分类概念一般人较容易懂，但却有不少人落入追求标准答案的迷思中，所以这一章浓缩出来的重点是分类没有标准答案，但需要依循逻辑。

（3）思维导图法的自由联想练习

这一章中介绍两个很基本且重要的自由联想形态：联想接龙与联想开花。这两种思考形态及功能显然是这章的重点，所以在浓缩中会先被挑选出来。另外还有一个很重要的心法：从理解及尊重每个想法的独特性来告诉读者没有标准答案和最好的答案。由于上一个章节已经有提到标准答案的迷思，而这两个是相关的概念，所以在重点需要被精简浓缩的前提下，这部分就被精简掉了。

（4）思维导图法的观察力与关联性训练

依照章节名称的提示，直接撷取观察力与关联性两大项的重点。

（5）思维导图法的 BOIs 练习

这一章的主要内容在教大家如何从准备工具开始，到运用 BOIs 捕捉脑中想法，一步一步完成一张思维导图，所以重点放在工具、步骤，以及想法的捕捉。在精简的过程中，思绪常常也会自动重新整理，例如：在浓缩后的心智总图中，工具中的"笔"，由原本的"圆珠笔""彩色笔""彩色铅笔"重新整理成"不同"→"颜色"及"粗细"。

（6）形状的秘密

因为迷你思维导图中的重点已经很精简，而且这四把钥匙都很重要，所以关键词全部保留，没有删减，只在表达方式上精简成用不同颜色的①②③④标号来代替原来的钥匙图像。

（7）小小设计家

同样的，因为迷你思维导图的重点已经很精简，所以内容全部保留。

（8）形状新视野

这章的重点内容是从掌握特征到新形态的展开，所以这两大项保留。在新形态展开上，关键词只取到基础与进阶，提醒大脑展开有分基础与进阶两个阶段，展开的细节步骤就省略了。第一次看到这张思维导图的人如果有兴趣，或是再次复习的读者对展开的步骤印象有点模糊的话，可以再翻到迷你思维导图看更细节的重点整理。

（9）文字图像画

迷你思维导图中的两大重点都保留，在迷你思维导图中，中文与英文创意图形的进行步骤虽然同中有异，但为了让思维导图总图的重点更精简化，把原本两个分别整理的中英文步骤重新归纳，整合成一个通用的大方向：①联想开花；②构想；③设计。

（10）思维导图笔记技巧

笔记技巧是思维导图最实用的一个应用，所以这一章的重点比较多。笔记的做法、关键词选择，以及组合式思维导图都是很重要的内容，所以是首先被筛选出来的重点。接着在每个项目说明的关键词中，再次浓缩概念跟精简表达方式，例如：迷你思维导图中"组合式"底下，针对使用时机、做法与优点分别有详细的说明，到思维导图总图时，这些说明被浓缩成这样的精简重点："组合式"要先"分段"整理成迷你思维导图，再汇整成思维导图总图。

（11）思维导图进阶技巧

因为这些技巧都很重要，所以将原本迷你思维导图中的几个技巧全部保留，但是精简说明的关键词。

（12）交流学习

这章是补充整理的信息，因为这个章节很短，目的是与读者分享正确的学习观念，以及提供读者继续进修的学习路径和参考信息，所以本来并没有做成一张单独的重点思维导图，但是在这本书的思维导图总图中，建议撷取重点信息放进去，让整本书的思维导图总图信息更完整。

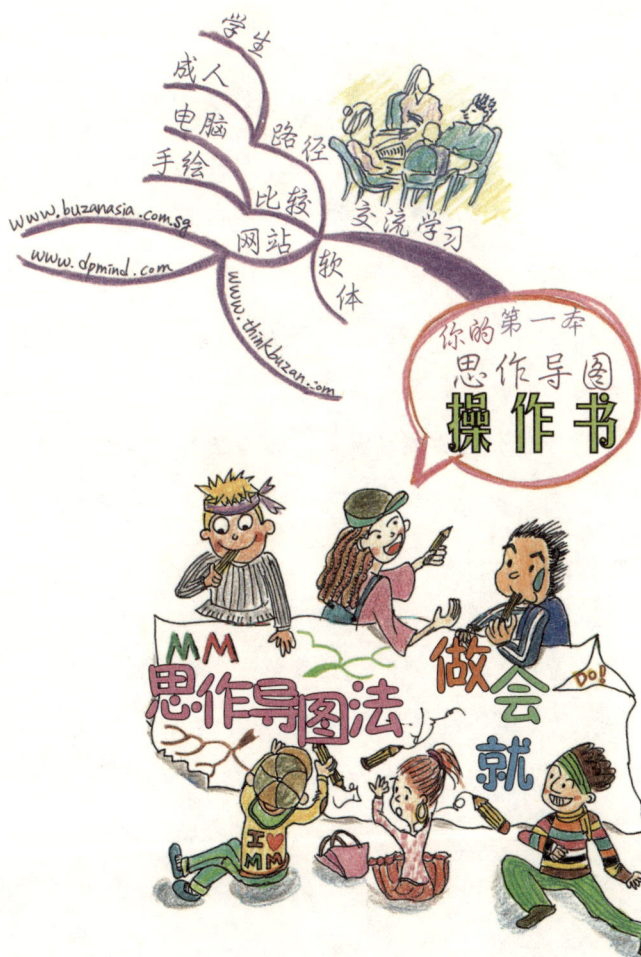

真实对话

这本书各章节重点思维导图以及整本书思维导图总图的画者，在完成这些"巨作"的同时，发了一个 WORD 文档给作者。文档中写的是他在做这些思维导图过程中，曾经产生的想法，有质疑、有批判，还有收获。我想，这些发生在他身上的想法和转变，可能也是其他思维导图学习者可能会经历的过程，所以，在征求他的同意后，我把这段学习者与作者的对话节录出来跟大家分享。

荃钰说：这真是个相当不容易的工程，尤其是在书本已经要出版的前几天，整个就是觉得自己若是做不好，会拖延出书的进度，但是质量也要兼顾，还真是不容易。

飞笔说：很欣慰你在时间的压力下，仍然将质量放在第一位！

荃钰说：说实在的，提到要画思维导图总图时，自己心中也浮现过这样一个想法：到底画这么好看或精致的思维导图，是不是真能帮助记忆？觉得自己像是又回到一位初学者，重新思考与用最犀利的眼光来批判思维导图，然而得到的答案，却是肯定的。

飞笔说：有批判性思考很好，有求证精神更好！

荃钰说：每每整理思维导图时，我会先画一张草图，让我知道空间的架构跟编排，以免到时候修改来不及，但在"筛选"与"精简"的过程中，这种浓缩、再浓缩的过程，对于我这个贪心的什么都想要的人来说，真是一项相当困难的任务。

飞笔说：相信我，我百分之一百了解你的感受。我以一个过来人的身份跟你说，这是每个思维导图学习者必经的路程，尤其对什么都想要，以及生怕漏掉任何重点的人说，"重点及关键词的精简"，确实是一大挑战。

荃钰说：重点浓缩的重点，就是"关键词"，而且是关键词中的"关键词"。在这个过程当中，往往要会先考虑作者的感受，因为只有作者最清楚自己在这一章当中想要传达的重点或是概念，以这作为取舍的标准，会比较客观。

飞笔说：感谢你优先考虑作者的感受！同时建议大家试试用一个读者的角色，依据自己的需要，来决定"我要删除哪些内容、留下哪些重点中的重点"。

荃钰说：在这次过程中，我也学到不少新的技巧。以文字图像化这个支干为例，选取共通的内容，做大方向的整理，是整合的一种方法。另外，还有将两个支干合成一个：思考＋想法＝思想，将关键词范围扩大，是方便浓缩的方法之一哦！！

其次，在关键词的取舍上，思维导图的主干和支干，提供了一个相当easy的精简平台，方便我们直接由主干的大项目上取舍，或是将各项目中相同的概念浓缩，都是一种"再精简"的方式。

飞笔说：你自己做过、消化后的发现，学习印象往往更深刻，因为经由自己实际做过、体会出来的观念跟技巧，让学习效果更有深度！

荃钰说：画好草图之后，再来就是中心主题的选取，由于不想要流于以书本封面为中心主题，所以就以"动手做"作为中心主题的内容，强调这一整系列的书以及操作学习的重要。所以中心主题就用许多人在画思维导图的感觉来呈现，希望大家会喜欢。

而在主干支干的分配上，由于主干上的字相当多，但又希望忠于作者和出版社的标题，也好让阅读者方便搜寻，因此保留了原有较长的文字，但也因为这样的决定，文字图像化以及小插图的灵活应用，又是一大考验。

飞笔说：恭喜你常常发现考验就在你身边。每一个考验都是学习的机会，考验过后，看着自己通过考验后的作品，换来的是"我又进步了"的成就感哦！

荃钰说：空间分配要事先习惯字的大小，支干线条的弯曲程度等等，才能在空间安排上做布置，甚至变换出一些特别的效果；因此在线条的灵活运用上，以及支干彼此间的交错安排，一定要经过练习才学得会哦！

飞笔说："练习，练习，再练习"，做就对了！因为老师的老师，思维导图的创始人东尼·博赞先生，他也是这么说的。

荃钰说：对于初出茅庐的我来说，这张总整理思维导图也太大了吧！但是人总有第一次，画这种大图，我自己觉得，如果画到最后一笔时画错，我大概心中就会蒙上阴影，以后再也不敢画这么大张的图了吧！所以我宁可分散时间，花多点时间画，也不要匆匆忙忙地赶进度。对我而言，主干跟支干间的架构及配色，是我必须事先安排的，当然这个部分也有个人习惯和风格所在，所以只要找到自我风格，又在不违反思维导图的前提之下，颜色和空间的分配，基本上是相当自由的。

例如：配色上我通常是以冷暖色交叉，但是颜色部分当然就是以清楚为原则，其他的就看你喜欢啰！

飞笔说：谨代表作者、出版社，与众多受惠的读者们，感谢你将第一次献给这本书！你一直以来都有高于他人的自我要求，学习上也有追求完美的洁癖，跟你说句心里话，这个你真的要改一改。给自己犯错跟重来的空间没有什么不好，有时候不完美也是很美的，因为那是自己成长的痕迹。不过，有个观念你体会得很好，只要掌握住思维导图的精髓与原则，我们的发挥是很自由的！

荃钰说：不过接下来在主干上的插图，可就是个大工程了。因为是汇整十一张小思维导图的大思维导图，所以为了方便阅读者跟每个章节末的小思维导图做连接，因此主干上的插图，就必须能够让阅读者联想到先前小思维导图的中心主题才行，所以在图案的配置和应用，是比较需要注意的。例如：尽量画上跟中心主题相似，或是易于联想到的共同主题，作为主干上的插图。

飞笔说：亲爱的，你已抓到重点哦！

荃钰说：最后就是支干的部分啰！支干的变化和小图示的应用，目的只有一个，就是方便记忆联想，所以我在安插小图像的时候，都一定要不断提醒自己"图像是在提示重点关键词"，这样才不会流于练画画，而是在画思维导图哦！

飞笔说：Good Boy！

荃钰说：完成后的思维导图，说实在的，还可真是大张啊！真希望我之后有机会把它拿回来裱框。

飞笔说：我只能说，咱们师徒俩实在太有默契了！看到这张思维导图，我心中出现的第一个想法也是：出版后，我要跟出版社要回来裱框，然后挂在公司里面！没办法，因为你画这张思维导图的用心，让看到的人都爱不释手地想占为己有呀！

13 /////////////// 思维导图法学习地图

新加入的思维导图人共同的疑问是："我还有什么可以学？""有没有一条正确快速的学习路径可以遵循？"

前人走过的路，提供我们最好的学习地图。本篇将提供你一个思维导图法学习地图，欢迎你加入思维导图人的行列！

恭喜你！

　　如果你跟着这本书以及《你的第一本思维导图练习本》一步步走到这里，你已经成为思维导图人 (Mind Mapper) 的一员了！放心，这不是一个新物种，这是一个在全球快速蔓延的新群体。从 20 世纪 70 年代开始，包括英国的东尼·博赞，美国的前总统以及比尔·盖茨等等，估计已经有超过六亿个思维导图人散布在全世界的各行各业里面，而且这个数字，因为你我的加入，正在增加中……

正确且有计划的学习

"没有笨小孩，只有笨方法"，这是思维导图的创始人东尼·博赞 (Tony Buzan) 先生常挂在嘴边的一句话。学习有方法，可以让学习事半功倍，一次到位。从英国到全球，思维导图提供无数人一个正确有趣的学习方法，让学习不只快乐，还可以享受自己一点一滴改变所带来的成就感。

除了要有方法，学习还要有计划。有目标、有计划的学习，让学习之路走得更稳，也更连贯。学习思维导图有路径可循，从基础再逐步往上提高进阶技巧跟应用，一步一脚印地带着你走扎实的学习过程。这本书是让你学会操作思维导图的基础技巧与概念，基础打得稳，练习做得足，往上发展的各种应用会很精彩。看完书，一定会有人问那接下来呢？还有其他的书可以看吗？要上什么课呢？以下我们将提供一个学习地图让你参考！

勇于犯错 勇于改正

不管学任何东西，在学习的过程中，总免不了会犯错。尤其是学方法，学习过程过程中因为不熟悉而出错是难免的，但这也是必经的路程，没有犯错的经验，就不知道自己哪里有盲点。犯错只是代表这个技巧自己还不够熟练，或是我们的经验还不够多，如此而已。犯错并不代表自己的能力不够或是资质不好。

偏偏大家从小就很怕出错，学生害怕举错手、考试害怕答错题，长大害怕认错人、搭错车、吃错药、按错门铃、嫁错人、投错胎……一旦害怕犯错的心态成为习惯，就不容易进步跟成功了。我们在学习一种新方法时，害怕犯错会让我们产生压力，反而容易导致失败，甚至丧失勇于尝试的动力，

195

没有练习的结果，当然距离成功就越来越远了。其实不管是生活上还是工作上，犯错是难免的，尤其在学习上。相反的，如果可以克服害怕犯错的恐惧心理，反而能够反败为胜，让自己借由一次次的练习不断改善、进步。

曾经有一个学生跟我说：勇于认错是种高尚的情操。这句话让我至今仍然印象深刻的一大原因，是对自己在学习上的宽容，以及允许自己可以犯错。因为犯错不是重点，重点是勇于改正。没有先犯错，我们怎么知道自己有什么地方需要改正呢？每一次的改正，代表着自己又进步了。不知道你有没有发现，不管再怎么累，回家的路很少会走错，因为我们每天出门回家，同样的这条路我们或许已经走了上百遍甚至上千遍了。大家一定有这样的经验，同一个动作做一次跟做一百次的熟练度有很大的差别，每做一次，脑神经联结一次，"熟能生巧"不只是课本上的名言佳句，也是老祖宗留给我们的智慧、学习秘诀！要提醒大家的是，正确的学习会熟能生巧，错误的学习，也会因为重复发生而根深蒂固。所以，在学习的过程中，请有意识地注意自己的学习状况，或是跟大家交流学习成果，如果真的犯了错，让错误尽早被发现、被改正，重回正确学习的路上。

站在巨人的肩膀上

学习从模仿开始，是一条向标杆学习的快捷方式。建议大家画了第一张思维导图后，不只是自己持续动手练习做，也要多看看别人的思维导图，多跟朋友分享。看别人的思维导图，可以直接学到很多技巧，看别人的思维路径，可以让自己的想法更开阔，更可以得到更多在不同领域的应用灵感，站在巨人的肩膀上，视野变得更开阔，可以看得更高、更广、更远。多跟朋友分享可以让自己对思维导图的概念越来越清楚，因为在分享前，我们的大脑需要再次组织所学的知识，那是一种整理跟复习的过程；而在分享的过程中，也是自我检视的机会，有哪些不清楚的概念跟没弄懂的地方，这时都会一一浮现。有一种东西不会因为给了别人自己就减少，那是"知识"。打开心扉，勇于把自己的所学与人分享，你会因此得到更多。

动手做还是计算机做？

雪白的纸，满桌的彩色笔，一颗雀跃的心，这是全球使用思维导图的六亿人共同的快乐体验。然而，有一群人，特别是在职场上天天过着竞速生活的那一群人，越来越依赖计算机软件。为了与时间赛跑，为了避免画图，为了做简报更正式些，为了方便等千百种理由，渐渐脱离白纸与彩色笔的世界。

用计算机软件做跟动手画各有优缺点，两者可以相辅相成。手、白纸与彩色笔构成的彩色世界，触感很真实，在一笔一画的视觉飨宴中，图像与色彩带给大脑的刺激是活络的，也容易记忆，很适合用在需要想象及脑力激荡的时候；但是手画不容易修改，而且版面上较无调整的弹性，因为画错或空间不够需要再画一张时，会花掉很多时间，即使这些时间都不会白花。软件的优点是方便编辑跟连接，如果支干接错了，随时可以调整，需要增加内容时，也不需要担心空间会画不下去，连接的功能在需要整理庞大关联性的信息时很好用；然而，软件的思维导图样式通常比较呆板，在思维导图技巧上没有动手画那么多变化，计算机软件适合初学者搭配使用，也很适合用在收集与整合信息。建议初学者在初学阶段，多多让自己动手画，训练手感，经历脑袋与色彩、图像碰撞的火花，同时也开始使用计算机软件来辅助自己的学习。等到技巧纯熟了，晋升为资深的思维导图使用者之后，建议交替使用手画跟计算机，同时视使用情况来决定手画还是用计算机做。一般来说，跟创造性思维相关的活动，动手做较能让点子源源不绝，也容易产生创意的惊喜；跟信息收集相关的应用，用计算机做比动手画要方便快速得多。

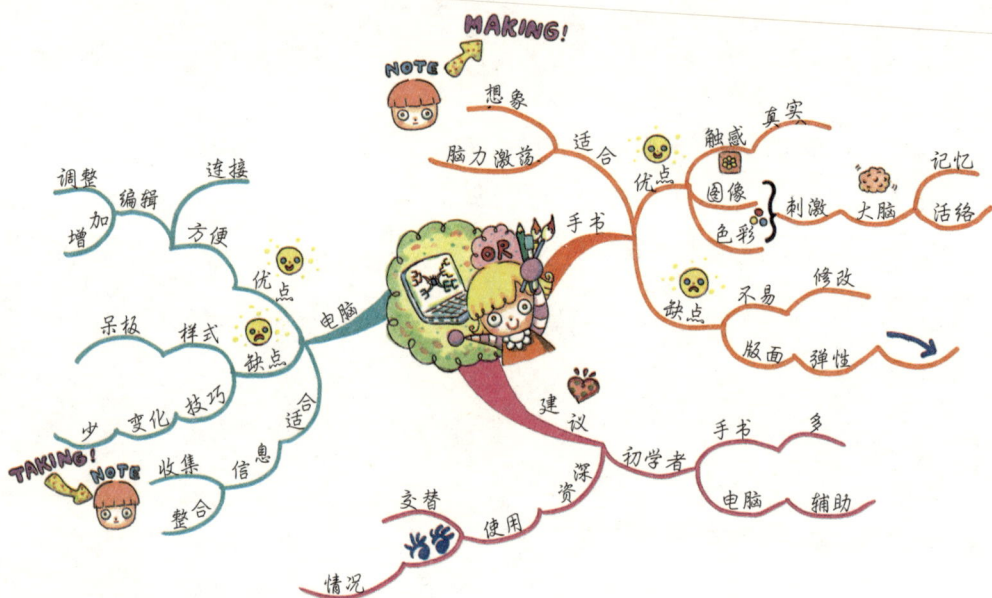

　　几年前，在办公室工作的我，经常坐在计算机前，依赖思维导图软件完成一个又一个的工作，但是，当我的脑袋卡住了，我习惯转个身，因为我知道，左边桌面上，白色的纸和彩色笔，总是能将我从瓶颈中拉出来。现在，自由工作的我，更常坐在图书室、咖啡馆，或是客厅的一个角落，让彩色笔带着我的手，把脑袋中的想法一个一个激发出来，随时绘制思维导图，随处绘制思维导图，让思绪更轻松、更无负担地流动！

　　这样的经验，你们听了有身临其境的感觉吗？有些事很难言传，唯有自己经历过才知道，你们也来试试吧！

思维导图软件

Free Mind 免费软件

Mind Manager 免费试用 21 天

X-mind 某些版本开放免费版 http://www.xmind.net/downloads

i Mind Map 免费试用 7 天 http://www.buzanasia.com.sg

Mind Mapper

目　录

IV 思维导图法基础运用

I

阅读一张思维导图

前言

面对一张五颜六色、信息丰富的思维导图，阅读的起点在哪里？一张思维导图的每个线条都透露着思维的脉络，本篇将告诉你如何阅读一张思维导图，从找主题、大标题到内容，通过有条理的阅读顺序让你理解当中所要透露的信息。

思维导图起源于 20 世纪 70 年代，由英国东尼·博赞 (Tony Buzan) 先生所发明。思维导图号称"大脑万用刀"，是一种思维训练工具，也是一种改变学习方式的利器。根据世界多国的研究指出，在学习上，思维导图可以带来以下的帮助：

（1）增加学习动机及兴趣。

（2）增强组织力及逻辑思考能力。

（3）提升创意思维能力。

（4）提升问题分析与解决能力。

（5）提升理解力及学习能力。

（6）在大量数据中抓住重点，节省阅读时间。

（7）加速记忆的速度及改善长期记忆。

（8）提升阅读速度。

1 /////////////////////// 如何看思维导图

重点复习

看思维导图的三大步骤：

（1）找中心主题：位于思维导图最中间，是一个彩色的图，也是一张思维导图中最明显、最大的图。

（2）看主干：从连接中心主题，并且由中心主题往外做放射线状的延伸，由粗到细的线条。

（3）看支干：连接在主干之后，所有细细的线条。

想要复习更多，请参考《你的第一本思维导图操作书》。

练习1

练习看看，你能不能看懂以下这几张思维导图！

这是卢慈伟老师的自我介绍思维导图，中间画的图代表卢老师的英文名字，这张图中介绍了卢老师的家人、工作、兴趣和梦想，你看得出来吗?

练习 2

这也是卢慈伟老师的自我介绍思维导图，信息是不是更一目了然呢？

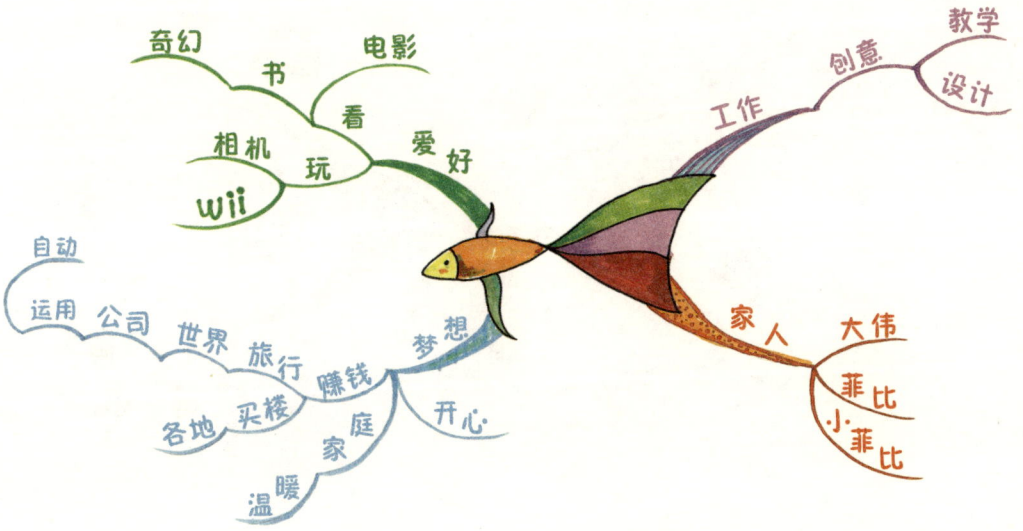

练习 3

这也是卢慈伟老师的自我介绍思维导图，你可以看到这张自我介绍思维导图要呈现的重点吗?

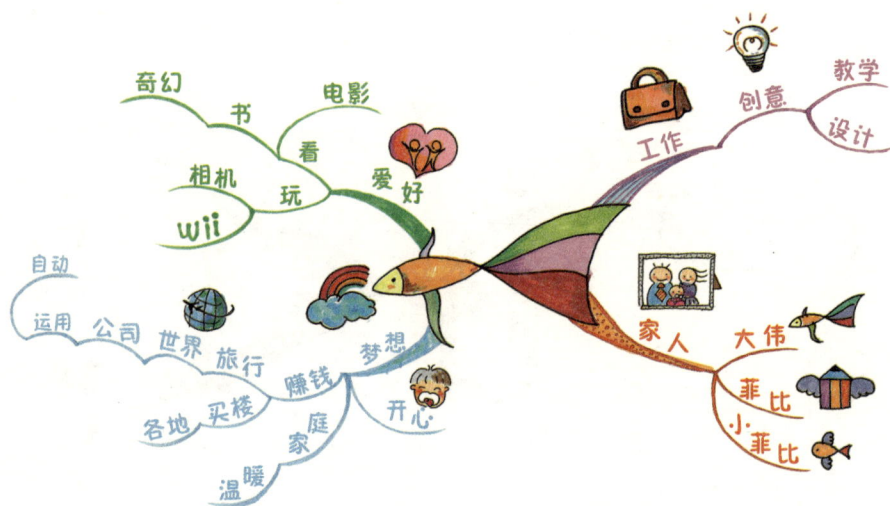

II

动手做思维导图

本篇将带领你从准备工作开始，到完成一张正确的思维导图，包括基础逻辑思考训练、自由联想练习、观察力与关联性训练，以及思维导图法 BOIs 练习。思维导图的制作规则将通过一个个的练习过程，逐步让大家上手。

对第一次接触思维导图的朋友来说，这可能是你第一次动手画思维导图，本篇将提供一个学习路径，让你的学习可以一次正确到位；对已经是思维导图的爱好者来说，建议你可以用旧地重游的心情来阅读这一篇内容，让自己重温做思维导图的步骤，并检视自己的思维导图做得正确与否。

　　本篇采用步骤式的方式进行，让你更容易、也更清楚地按部就班地跟着做。如果你想要在看完这篇后，马上能自己做思维导图，唯一的诀窍是：认真地，跟着动手做练习就对了！

2 ///////// 思维导图法的逻辑思考训练

重点复习

（1）如何分类：分类要从自己累积的生活经验和知识中找线索。

（2）分类没有标准答案，但是需要有依循的逻辑来判断对错。

（3）如果某一大类东西很多，记得运用分类再分类的技巧。

练习1

以下这十九样混杂在一起的东西，你可以把它们分类整理一下吗？

练习 1-1

请将这些东西尽可能地分类。

练习 1-2

分类没有标准答案，也不只有一种方式，试试看你可不可以找到第二种分类方式？用思维导图画出你的第二种分类方式。

练习 1-3

挑战自己：试着想出第三种分类方式，用思维导图画下来。

练习 2

应用练习

用思维导图分类技巧做一张购物清单。

练习 3

应用练习

用思维导图分类技巧把自己电脑的文档数据文件夹分类画出来。

练习 4

应用练习

用思维导图分类技巧整理自己的待办事项。

参考解答

练习 1-1 （思维导图作者：曾荃钰）

圣诞树
鸡尾酒
台灯
形椎
三角

遥控器
相机
手机
键盘
冰箱
长
正
电视
方口

高尔夫球
苹果
棒球
眼镜
手电筒
形桂
圆

小丑
想像力
皇冠
汽车
皇后
大脑
不规则

练习 2（思维导图作者：陈巧云）

ipad　vaio　SONY　电脑　BESTA　电子辞典　learn

期限：1年　$

工作

文具　标签纸　水性纸　各色　描图纸　风琴　资料夹　透明内页　笔记本

书具　彩色铅笔　48色

饮食　甜点　chocolate　松露　cake　awfully

仪容　服装　工恤　洋装　短裙　裤子　罗马　娃娃　帆布　鞋子

项链　手链　饰品

乳液　指甲油　磨砂膏　身体　保养

隔离霜　化妆水　乳液　膜　面　脸

包包　porter　大　小

视听　相机　摄影　PV　娱乐　休闲　运动　MARIO　Wii　网　篮球　羽　iphone　igoo0　2选1　手机　通讯　电视

house　书　柜子　置物　组　罩　床

19

练习 3（思维导图作者：曾荃钰）

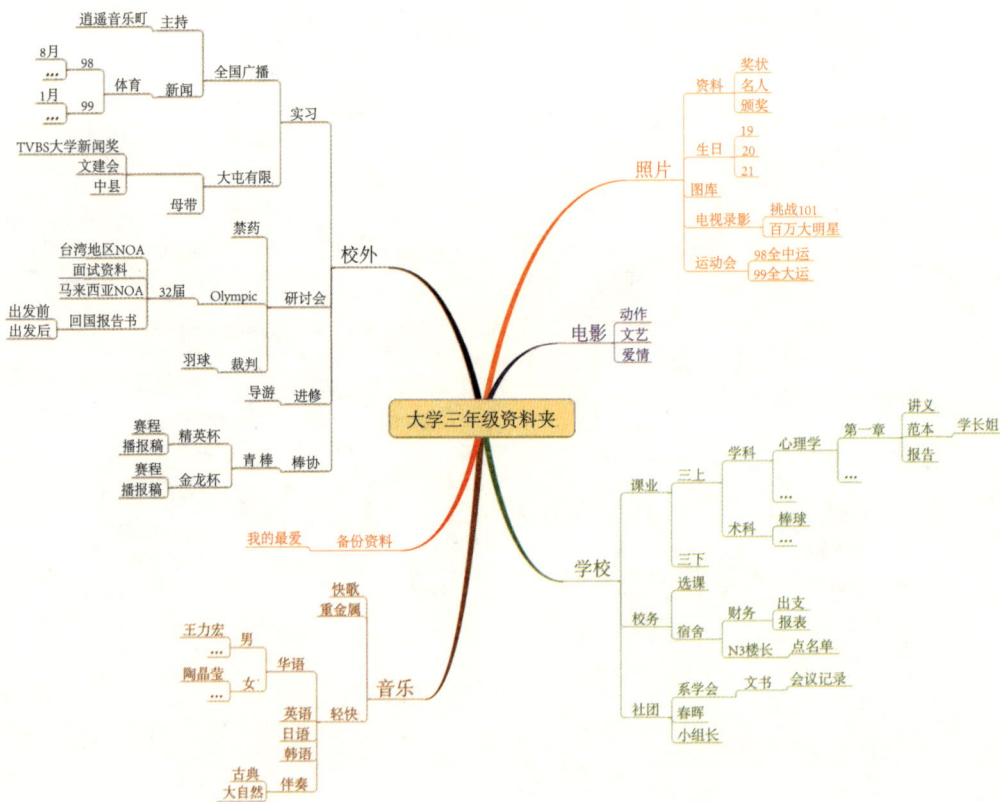

练习 4（思维导图作者：陈资璧 陈彦君 曾荃钰）

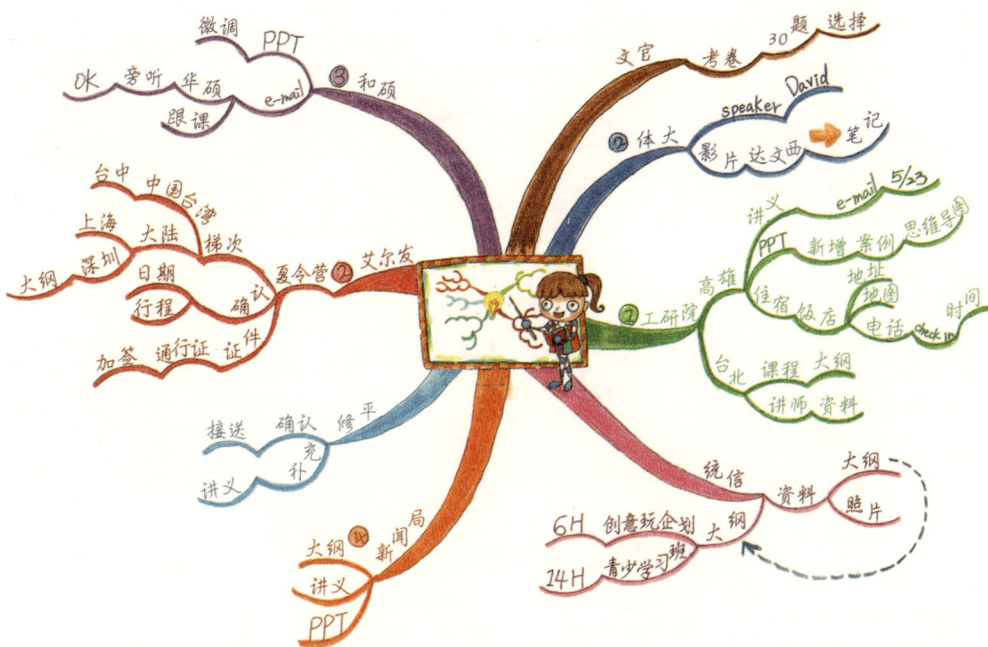

3 ////////// 思维导图法的自由联想练习

重点复习

（1）自由联想没有标准答案，也没有最好的答案，每一个从脑袋中飞出来的想法，都可以被接受。

（2）联想跟我们的生活经验以及每个人看事情的角度有关系。人不同，脑袋不同，经验不同，所以想法也就不同！

（3）每一个人的想法都是独一无二的，都需要被尊重。

（4）联想接龙要一个接一个，每一个想法都是从前一个想法直接联想出来的。联想接龙可以提升我们的记忆力和推演能力。

（5）联想开花是针对同一个题目，想到很多想法。联想开花可以训练我们的创意，提升想法的弹性、多元性和包容性。

（6）脑袋卡住了可以从以下几个方法着手：找相反的、相近的，相关的思维，让五感帮忙，加上第六感——心的感觉，或是从 5W3H 联想。

练习1

联想接龙练习

我们以"拍照"为题目，做七个联想接龙，请将你的想法写在线上。

练习 2

联想接龙练习

题目是"工作"，请先画出中心主题，再做七个自由联想接龙。

练习 3

联想开花练习

我们以"时间"为题目，做七个联想开花，请将你的想法写在线上。

练习 4

联想开花练习

题目是"梦想"，请先画出中心主题，再做七个自由联想开花。

练习 5

自由联想

结合联想接龙和联想开花，题目是"如果我中了乐透头奖……"，让你的想法自由发散奔驰。

练习 6

逻辑联想

结合分类与联想，题目是"笔记本电脑可以做什么？"把你想到的点子有分类、有组织地写出来。

练习 7

逻辑联想

结合分类与联想，题目是"识别证可以做什么？"把你想到的点子有分类、有组织地写出来。

参考解答

练习 5 (思维导图作者：曾荃钰)

練習 6 (思维导图作者：曾荃钰)

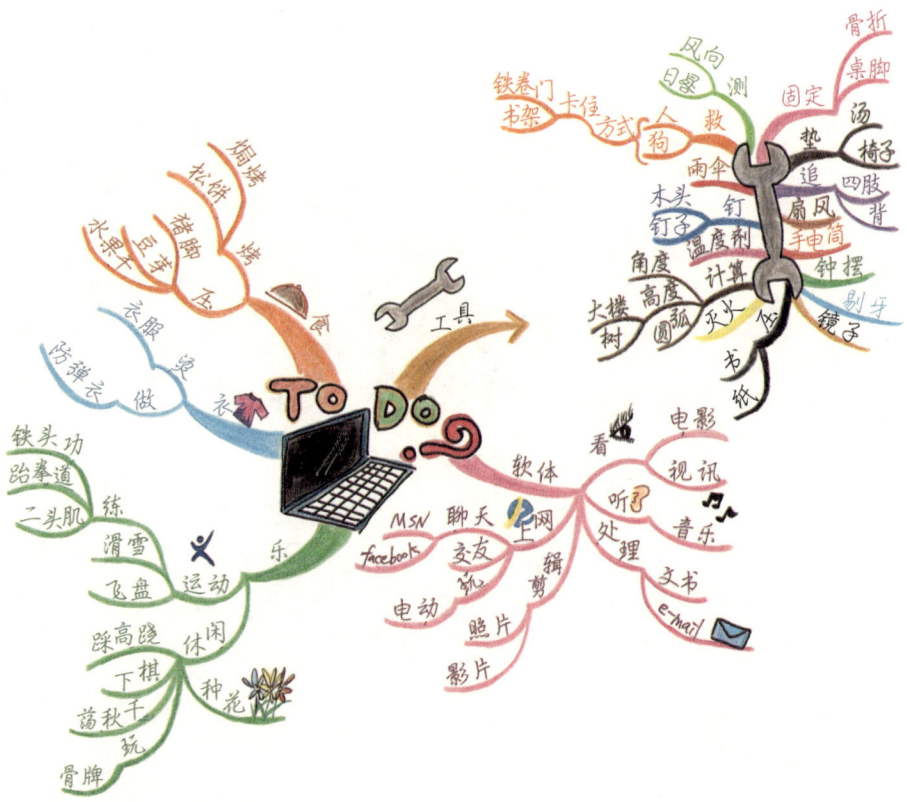

32

练习 7（思维导图作者：曾荃钰）

4 思维导图法的观察力与关联性训练

重点复习

（1）从日常生活中，随时随处练习观察力，不只要"看到"，还要"看"。

（2）思考的角度不同，观察的结果也不一样，学习理性地理解并接受他人跟自己思维的不同。

（3）关联性思考训练：先个别观察，再找关联性。

（4）保持思考的弹性，扩张自己的思维舒适圈。

（1）观察力训练：大家来找碴

初级挑战

练习 1−1

练习 1−2

练习 1-3

中级挑战
练习 1-4

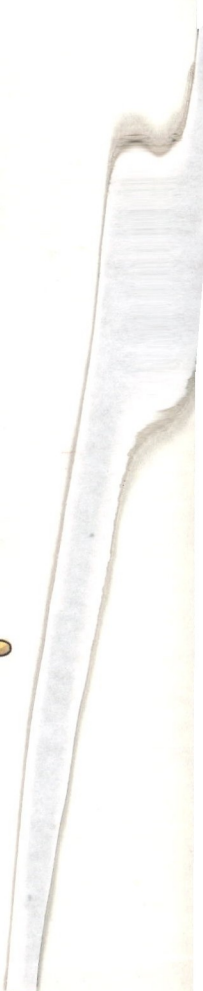

练习 1-5

练习 1-6

高难度挑战
练习 1-7

练习 1-8

练习 1-9

高难度挑战
练习 1-10（下图有四处不同）

练习 1–11（下图有五处不同）

练习 1–12（下图有六处不同）

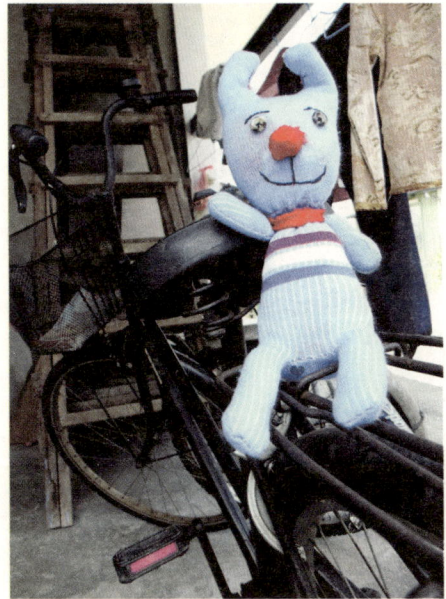

（2）观察力训练: 哪个最奇怪？

练习 2-1

A

B

C

D

我观察到 _____ 不同，因为 _____

我观察到 _____ 不同，因为 _____

我观察到 _____ 不同，因为 _____

练习 2-2

A

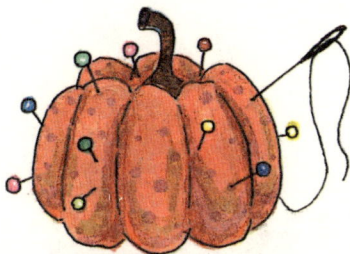

B

C

D

我观察到 _____ 不同，因为 _____

我观察到 _____ 不同，因为 _____

我观察到 _____ 不同，因为 _____

练习 2-3

A

B

C

D

我观察到————不同，因为 ————————————

我观察到————不同，因为 ————————————

我观察到————不同，因为 ————————————

（3）关联性：两两相联

练习 3-1　高尔夫球跟轮船有什么关系？

练习 3-2　铅笔跟医生有什么关系？

练习 3-3　打瞌睡与云霄飞车有什么关系？

（4）"五感＋关联性"应用在写作上

练习 4-1　用思维导图练习做"我的家人像什么"？

主干写上你的家人，后面接像的物品，记得在物品后面写上"为什么"。

练习 4-2

运用"五感＋关联性"技巧写一段文章，题目是"我的另一半"。

① "另一半跟火锅有什么关联性？"

你可以从两者的共同点开始想象。

②请用上题的想象内容，开始造句：

我的另一半像火锅，因为 _____

我的另一半像火锅，因为 _____

我的另一半像火锅，因为 _____

③请参考以上两题的内容与思考过程，写一段短文，题目是"我的另一半"。

练习 4-3

运用"五感＋关联性"技巧，写一段文章，题目是"爱情"。

① **"爱情跟公车站牌有什么关联性？"**

你可以从两者的共同点开始想象。

②**请用上题的想象内容，开始造句：**

爱情像公车站牌，因为 _____

爱情像公车站牌，因为 _____

③**请依据你的联想内容与思考过程，写一段短文，题目是"爱情"。**

（5）关联性训练：五中选三

练习 5-1

A   B   C

D   E

我选的是＿＿＿＿，因为＿＿＿＿＿＿＿＿＿＿＿＿＿＿＿

我选的是＿＿＿＿，因为＿＿＿＿＿＿＿＿＿＿＿＿＿＿＿

我选的是＿＿＿＿，因为＿＿＿＿＿＿＿＿＿＿＿＿＿＿＿

練习 5-2

A

B

C

D

E

我选的是 _____，因为 _____

我选的是 _____，因为 _____

我选的是 _____，因为 _____

练习 5-3

A

B

C

D

E

我选的是 _____ ，因为 _____

我选的是 _____ ，因为 _____

我选的是 _____ ，因为 _____

参考答案

（1）观察力训练：大家来找碴

初级挑战

练习 1-1   练习 1-2   练习 1-3

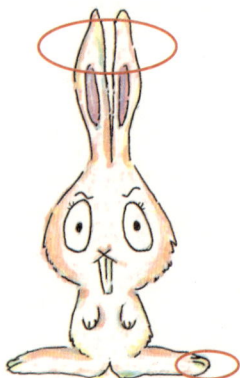      

中级挑战

练习 1-4   练习 1-5   练习 1-6

高难度挑战

练习 1-7

练习 1-8

练习 1-9

练习 1-10

练习 1-11

练习 1-12

（2）观察力训练：哪个最奇怪？

练习 2-1（参考想法）

我观察到 C 不同，因为只有 C 会说人话。

我观察到 D 不同，因为只有 D 飞不起来。

我观察到 A 不同，因为只有 A 的脸是正面，其余都是侧脸。

练习 2-2（参考想法）

我观察到 A 不同，因为只有 A 在空中活动。

我观察到 B 不同，因为只有 B 没有生命。

我观察到 A 不同，因为只有 A 是蓝色系，其余都是红色系。

我观察到 D 不同，因为只有 D 不是真实存在的。

练习 2-3（参考想法）

我观察到 B 不同，因为只有 B 没有另外携带武器。

我观察到 B 不同，因为只有 B 没有戴眼罩。

我观察到 B 不同，因为只有 B 不是现实中的人物。

我观察到 C 不同，因为只有 C 是看到半身，其余都是全身。

（4）"五感＋关联性"应用在写作上

练习 4–1（思维导图作者：曾荃钰）

（5）关联性训练：五中选三

练习 5-1（参考想法）

我选的是 ACE，因为都跟天气有关。

我选的是 ABD，因为都跟吃有关。

我选的是 ACE，因为都跟出门有关。

练习 5-2（参考想法）

我选的是 ABE，因为都跟家庭生活有关。

我选的是 CDE，因为都跟聚会或吃有关。

练习 5-3（参考想法）

我选的是 ACE，因为都跟吃东西有关。

我选的是 ACE，因为都有甜的感觉。

我选的是 BCD，因为都跟工作有关。

5 ////////////// 思维导图法的 BOIs 练习

重点复习

（1）不要小看自己，也不要小看思维导图。

（2）做思维导图要同时掌握表象（骨架）跟内容精髓（组织结构）。

（3）思维导图工具：大脑、想象力、白纸、不同粗细的圆珠笔、彩色笔，及彩色铅笔。

（4）思维导图制作步骤：中心主题→主干→支干。

（5）思维导图规则：请见本章规则思维导图。

（6）给初学者的建议：练习画主干图像、不拘泥文字和图像出现与否及出现顺序、"模仿→练习→分享→（讨论）→联想"是一个很好的学习路径。

（7）运用思维导图法关键词加上分类再分类的技巧，或是分类阶层化(BOIs)技巧，就可以捕捉跳跃的想法，并把想法记录在思维导图合适的位置上，让思考模式从线性思维转为兼顾细节与关联性的网状思维。

（8）当你对主干及支干的分类名称和方式有疑惑时，请想想做这张思维导图的目的是什么？回到源头思考，答案就清楚浮现了。

练习 1

做一张"自我介绍"的思维导图。

练习 2

做一张"旅游计划"的思维导图。

练习 3

做一张"十年后的我"的思维导图。

练习 4

做一张"如何更快乐"的思维导图。

练习 5

做一张"我的生涯规划"的思维导图。

参考解答

练习 1（思维导图作者：曾荃钰）

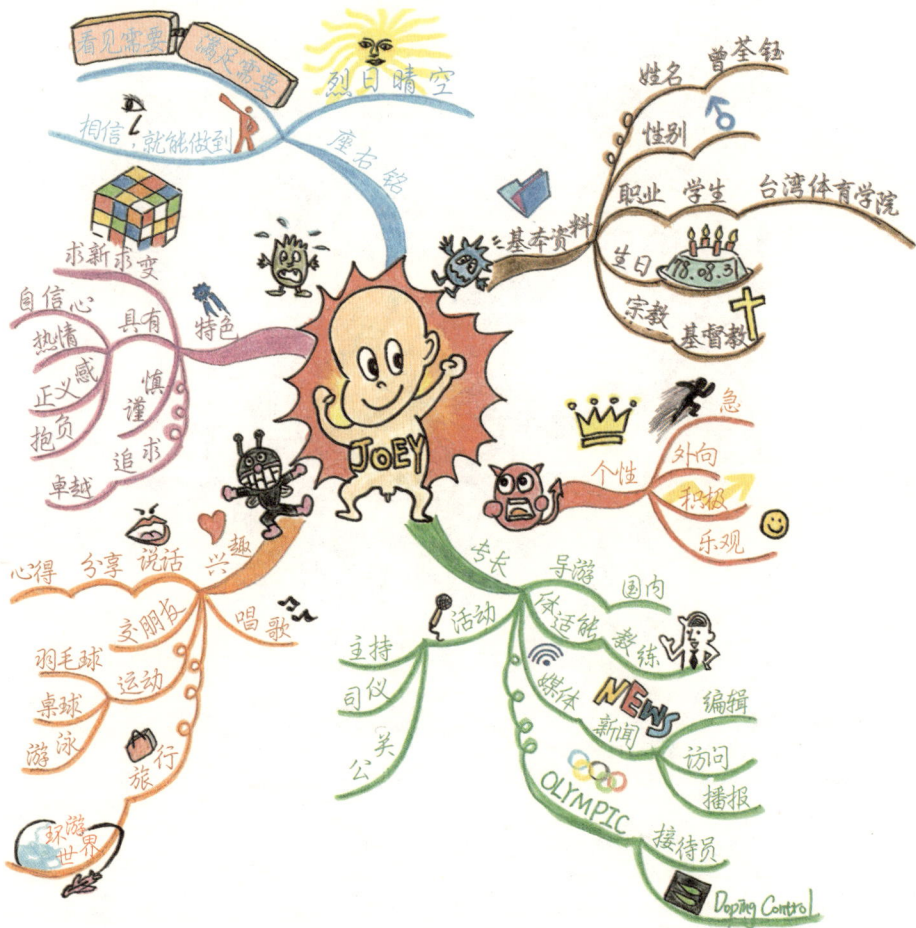

练习 2（思维导图作者：曾荃钰）

练习 3（思维导图作者：曾荃钰）

练习4（思维导图作者：曾荃钰）

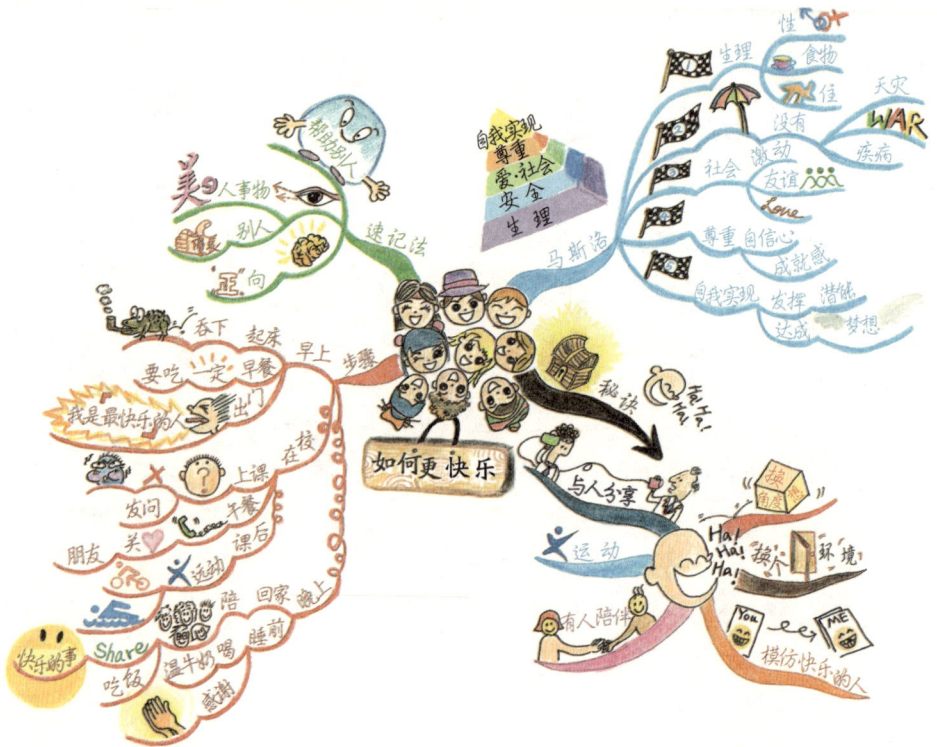

練習5（思维导图作者：曾荃钰）

67

III

找回你的图像潜力

觉得自己不会画图吗？还是觉得自己画不好而不好意思或是不想画图呢？

这篇练习结束后，你会发现，天地顿时开阔了好多，从图像的世界寻求创意变化的乐趣，享受破框思维的自由与惊喜，在图像与色彩中，你可以玩出思维导图另一个有趣又好用的境界！

6 // 形状的秘密

🐾 重点复习

重新开启画图能力的四把钥匙

（1）第一把钥匙：只看外形大致轮廓，别看细节。

（2）第二把钥匙：基础形（三角、方形、圆形）。

（3）第三把钥匙：修饰与组合铅笔。

（4）第四把钥匙：加入想象力。

练习 1

运用圆形基础形画出时钟、鼠标、靶心。

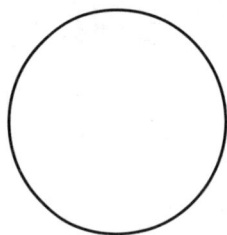

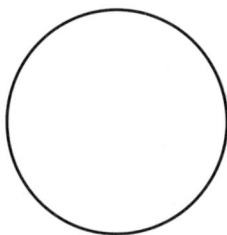

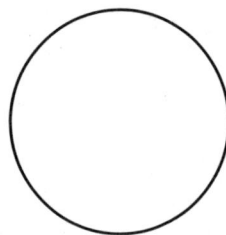

练习 2

运用方形基础形画出公文包、手机、会议桌。

练习3

运用三角形基础形画出三明治、插着旗子的高山、圣诞树。

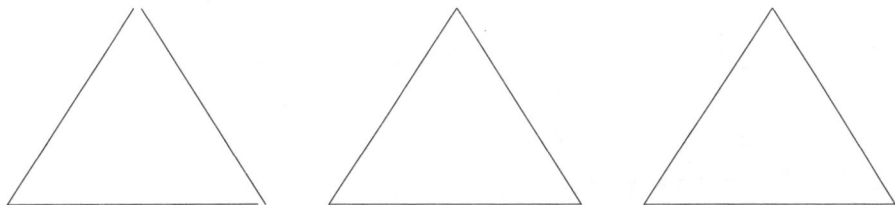

练习4

运用形状组合画出电脑，你可以尝试画出多种电脑。

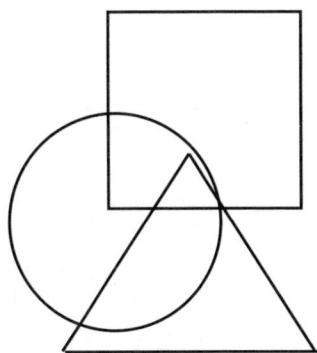

练习 5

运用形状组合画出汽车，你可以尝试画出多种汽车。

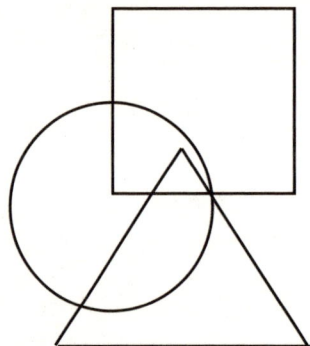

练习 6

运用形状组合画出手表，你可以尝试画出多种手表。

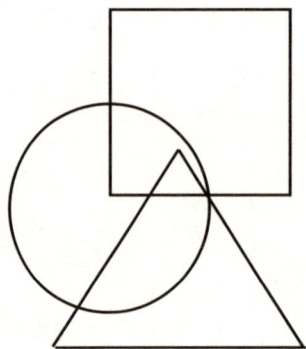

练习 7

运用形状组合，画出理想的度假画面，里面至少有三种物品或人物，如果你愿意自我挑战，画出来的物品或人物越多越好。

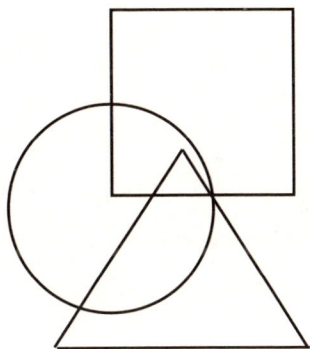

练习 8

请依照下列步骤，循序渐进地画出你梦想中的家。

①请先运用形状组合，画出一间房子。

②加入想象力，以"梦想中的家"为中心主题，练习联想开花：想到梦想中的家，你会想到什么？

③将题②联想出来的想法，加在题①的图像中。

7 ////////////////////////////////// 小小设计家

重点复习

（1）思维导图的图像主要的功用有三个：这是一种通过图像让大脑启动"注意→联想→记住"的过程。

a. 提醒大脑注意。

b. 借由图像，让大脑联想到我们要表达的关键信息。

c. 图像让大脑轻松容易地记住重点。

（2）要把抽象的概念用具象的图表达出来，必须经历两个阶段：

阶段一：想到要画什么，也就是先有想法。

阶段二：把想法画出来。

（1）想法与图案的挂钩

练习 1-1

看到以下图像，你会联想到什么呢？把你想到的答案写在线条上。

手表

眼镜

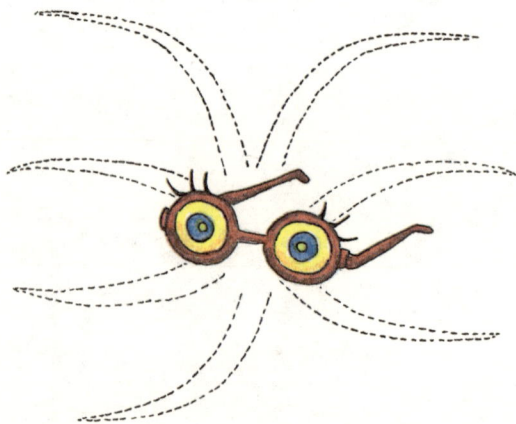

领带

练习 1-2

看到以下图像，你会联想到什么呢？请仿照上题，每个图像都自己做七个联想开花练习。

大脑

旅行箱

摩天轮

（2）形容词联结

练习 2-1

下面的东西你会用哪些形容词来形容它们呢？

摩天大楼

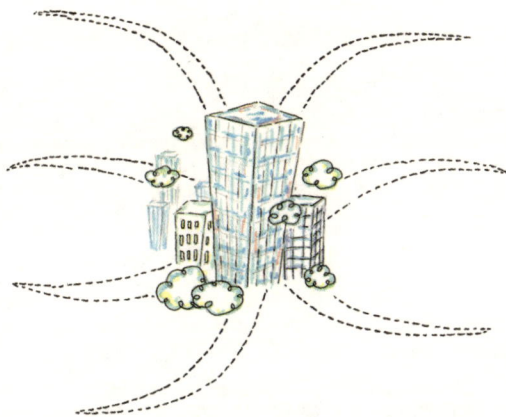

猫头鹰

花

练习 2-2

下面的东西你会用哪些形容词来形容它们呢?

教堂

蛇

救生圈

练习 2-3

请在下列这张思维导图的关键词旁边，尽你所能地画上插图。

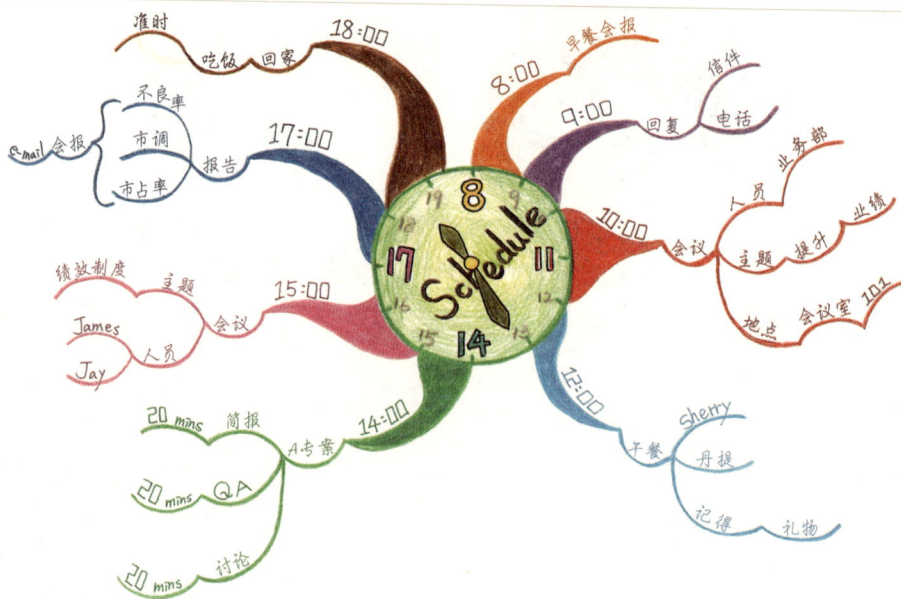

练习 2-4

请依据下列步骤，设计一个代表自己的图案。

①请用三到五个形容词来形容你自己。

比方说：善解人意、有智能、有行动力、可爱、温柔、聪明、快速的、懒散的、有效率的……想完后，把你认为最贴切的三个形容词圈出来。

②请用三个动物来代表你的三个形容词

③请找出三个大自然中的非生物来代表你的三个形容词。
（如山、河川、云、矿石……）

_____

④请找三个人造物来代表你的形容词。

_____

⑤请从题①形容自己的三个形容词中，选择一个你认为最适合自己的。

_____

⑥从以上练习中，找出代表这个形容词的动物、大自然非生物、人造物这三个图案，将这三个图案结合起来画成一张图。

8 //////////////////////////////// 形状新视野

🦉 **重点复习**

（1）掌握特征，就能画出"像、认得出来"的图画。

（2）新形态展开基础练习。

a. 依照思维导图的基本做法，先将题目画在纸张的中央。

b. 还记得三个基础形吗？现在我们就要将三个基础形放在三个主干上。

c. 抛开你对蝴蝶外形的既有印象，接着在三个主干之后分别画支干，练习运用方形、三角形及圆形，画出不同的蝴蝶。

（3）新形态展开进阶练习。

a. 先将题目画在纸张的中央。

b. 接着将题目拆解成几大部分，并分别放置主干上。

c. 还记得三个基础形吗？现在我们就要将三个基础形放到支干上。

d. 最后就是抛开你对花外形的成见，完成花的形状思维导图。

（4）如果你在新形态展开的过程中发现自己画出一些不像花的花，看起来很奇怪，连自己都觉得很不舒服，那表示你正在突破自己思维的习惯框框。

练习 1

请运用掌握特征的技巧，在以下三个基础形上，画出三双鞋子。

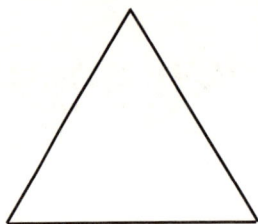

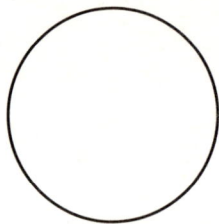

练习 2

请运用掌握特征的技巧，分别画出出租车、救护车、货车。

练习 3

请依照下列步骤，用思维导图画出不同形状的钟，数量越多越好。

①请将题目画在纸张的中央。

②将三个基础形放到主干上。

③抛开你对钟外形的成见，完成钟的形状思维导图。

练习 4

请依照下列步骤，用思维导图画出不同形状的杯子，数量越多越好。

①请将题目画在纸张的中央。

②接着将杯子拆解成几个部分，并分别放置主干上。

（可以拆成杯身、手把、杯底、杯盖等）

③将三个基本形放到支干上。

④抛开你对杯子外形的成见，完成杯子的形状思维导图。

9 ////////////////////////////////////// 文字图像画

重点复习

（1）不便拆解的一长串文字如何处理，以中心主题为例。

a. 避免最差的中心主题：直接写出文字，再用一个圈圈将字圈起来。

b. 应用文字广告牌的小技巧，将文字转变成图像。

c. 将中心主题变成一幅图，并且在这张图中预留空间写上文字。

（2）英文创意图形文字。

a. 用联想开花 (Brain Bloom) 来激发创意。

b. 从英文单词的每个字母来进行图案构想。英文字母可以做些位移的变化设计，但要注意不能位移太大，免得无法辨认单词。

c. 进行色彩及其他细节设计。

（3）中文创意图形文字。

a. 用联想开花 (Brain Bloom) 来激发创意。

b. 从中文字的形态来进行图案构想，例如部首、笔画、字形等。

c. 进行色彩及其他细节设计。

练习1

请用"图 + 文"的方式画出以下这些中心主题:

①业绩提升会议   ②建立良好的人际关系   ③库存管理

④新产品发布记者会   ⑤生涯规划

练习 2

请为以下这些英文单词加入图案设计：

① action（行动）

② work（工作）

③ meeting（会议）

④ Dream（梦想，做梦）

⑤ planning（计划）　　　　　⑥ marketing（营销）

⑦ budget（预算）　　　　　⑧ research（研发）

练习3

请为以下这些中文词语加入图案设计：

①人员   ②时间

③预算   ④会议

⑤开心 ⑥工作

⑦家庭 ⑧合作

IV

前言

思维导图法基础运用

笔记是什么？一个学生说：有笔就能记，就叫作笔记。

笔记记什么？记老师说的话，记老板交代的事，还是记白板上密密麻麻的资料？你的笔记记的是完整的信息，还是记重点信息？

学了思维导图之后，最实用也是最多人需要的基础应用，就是思维导图笔记。思维导图笔记技巧从画重点的技巧开始学起，重点画得正确，可以协助我们将信息去芜存菁，只留下真正重要的信息。关键词的筛选和组合，配合我们在第二篇中学到的分类跟 BOIs 技巧，是完成一张有条理的重点思维导图笔记的基础功夫。

　　在这一篇里面，我们也会用详细的步骤介绍迷你思维导图 (Mini Mind Map) 与思维导图总图 (Master Mind Map) 的组合技巧，协助你做信息整合。主干式思维导图在应用上有很大的自由和弹性，以主干为大类的重点整理，优点是方便善用零碎时间以及容易走过漫长的学习适应期。连接线、色块、图像、括号的应用，可以凸显笔记重点之间的关联性，让你的笔记应用更灵活！

10 /////////////// 思维导图笔记技巧

重点复习

（1）行列式笔记是把重点整句记下来，配合标号的使用，让内容看起来很有顺序，但内容没有分类整理。思维导图笔记是只写关键词，而且用放射状的方式把关键词依照逻辑分类整理过。

（2）关键词是一个字、词、名句概念，大部分是名词或动词，而且是强烈的联想挂钩。

（3）思维导图重点画法只画关键词，这样可以降低信息量，节省时间，也让重点更突显。

（4）思维导图笔记的做法是先画关键词，接着运用分类技巧从所画的关键词中找出大分类，再依序将相关的内容分类，接在每一个大类之下，最后在重点中的重点旁边画上插图凸显重要性，思维导图重点笔记就完成了。

（5）面对长的文章时，可以采取组合式思维导图做法：先将文章重点依大类分段，再将分段重点整理成迷你思维导图 (Mini Mind Map)，完成后再汇整成思维导图总图 (Master Mind Map)。

（6）组合式思维导图的做法是将每次处理的信息减量，既容易上手，也容易找到零碎时间分段整理完。

练习1

思维导图重点笔记

咖啡

咖啡树的起源可追溯至百万年以前，而它被发现的真正年代与起源已不可考。据咖啡原产地埃塞俄比亚西南部的咖法省高原地区的传说指出，约在一千多年前一位牧羊人发现羊吃了一种植物后，变得非常兴奋活泼，因此发现了咖啡。但也有说法是由于一场野火，烧毁了一片咖啡林，烧烤咖啡的香味引起周围居民的注意。

最初人们是咀嚼这种植物果实或是捣成汁来提神，其后他们将磨碎的咖啡豆与动物的脂肪混合，用来当成长途旅行的体力补充剂，到后来更是烘烤磨碎掺入面粉做成面包，作为勇士的食物，以提高作战的勇气。

由于咖啡有诸多的营养及有利人体的成分，因此对人体具有抗氧化、保护心脏血管功能、提神醒脑、提升脑力思考、抗忧郁、利尿、改善便秘等功能。

虽然目前明显研究数据无法显示咖啡会导致什么样的危害，但是当身体出现以下状况或疾病时，应少喝咖啡：发育中的儿童、怀孕期间、正在哺乳的妇女、空腹（或饭前）、腹泻者、胃酸过多的人、患有胃及十二指肠溃疡者、患有肠道过敏症候群者、容易失眠的人、有精神方面疾病的人、正在服用镇静剂的人等。

①请圈出文章中的关键词。

②依据圈出来的关键词做成重点思维导图。

③看着思维导图说出文章的重点。

练习 2

思维导图重点笔记

管理者如何对抗工作危机

■保持镇定

从你应对的方法，可以检测出你是否是个解决问题和协商的高手。

当危机发生时，不要惊慌！保持镇定找出问题的症结所在，以便拟定最好的办法来应对，不要因为人、事的压迫，而做出错误的决策。举例来说，若是有位记者来电要一份有关危机的声明，可以请他们约一小时后再打来，这样就有机会做准备并且拟妥声明稿。

找出真正的问题症结，是解决问题的首要步骤，问题症结不一定一目了然，有时可能是历史性的或是个人的原因。所以要找出问题的症结，请切记：

①不要急着界定问题；②列出所有可能的原因。

列出问题的成因之后，运用脑力激荡找出所有相对应的解决之道，并且运用放射性思考，检讨每个意见会造成的影响。所以从列出问题到付诸行动前，请切记：

①选择最佳解决之道；②拟定可执行的行动和结果计划；③思考每个意见的前因后果与其将牵连的范围。

列出执行方案后，你的下一个工作就是设定采取行动的时间表，列出行动项目及其负责人。最好进一步召开重要的相关人员会议，讨论计划中相关人员的协助范围，询问相关人等的意见，并且给予一份书面计划，告知他们所负责的项目，确定相关人等知道计划推行当中，他们必须汇报的日期和时间。

事实上，许多问题的发生都是可以预测的，如果你愿意检讨发生的事和原因，就可以避免未来的麻烦。所以建议你，当有危机发生时，就花点时间去掌握"验尸报告"，找出你必须采取的行动，以及如何避免未来发生类似的危机。千万别找代罪羔羊，责备别人不会有多大的用处，集中精神从危机中学习，避免未来重复相同的错误，才是你当下应学的功课。

■危机发生时，善用协商这条双向道

协商的艺术是得到你想要的，同时告诉别人如何得到他们想要的。

一位资深的科学家朋友说过：如果你想要什么，就必须准备付出什么作为回馈。所以，协商的关键就是"你必须有妥协的心理准备"。

一般而言，达成共识的方法有以下十点：

①试图营造一个轻松的气氛；

②探讨造成目前情况的背景；

③确定双方谈的是同一问题，清楚确认双方的问题与条件；

④强调共同的关系和共识的重点；

⑤如果你处理的是复杂的问题，就把它们分割成单一的问题，而且一次处理一个，不过首先要双方同意流程的顺序；

⑥焦点放在共同的兴趣上，不是在无法协商的观点，以寻找出双方都有利的办法；

⑦重视并评估该办法，"如果我们这样做或那样做，会有什么结果"？

⑧经常考虑多种解决之道的经济效益；

⑨如果你想有所收获，就要准备有所付出；

⑩确定双方同意并且完全了解最后的决定。将其写出以便澄清问题。

■拟定危机处理办法时，有用的指导

从问题中把人和个性分离出来。

◎试着从别的观点来看事情；

◎做万全的准备工作，拟定你的步骤；

◎写下你想完成的程度和你的底限；

◎寻找表面下的问题，这样的问题没说出来，通常和个性有关；

◎须努力、细心地聆听，尤其是隐藏的含意，注意身体语言，写下备忘录或是请秘书在白板写上重点，会非常有帮助；

◎在任何情况都下保持风度，不要乱发脾气，如果发了脾气你就失去了立场；

◎问问题搜寻危机数据时，使用简单的话语和简短的句子；

◎尊重谈话的机密；

◎为他人因协商所投入的时间和努力，表示感谢。

本文节录自台湾耶鲁国际文化《管人Q哲学》一书

作者：Geoffrey Moss

①请圈出文章中的关键词，并检查一下这些关键词是否合适。
②依据圈出来的关键词做成重点思维导图。

③看着思维导图说出文章的重点

练习3

思维导图重点笔记

吃的智慧 —— 每日的饮食原则

●利用"颜色"让自己吃得均衡

均衡的饮食摄取是美容与健康的基本要素，偏食的饮食模式不但无法获得充足的营养素，还可能导致一些特定营养素（如脂肪、糖分等）的过多摄取。在此前提下，身体不仅无法呈现良好机能，更可能出现变胖或是体力减弱的情形；所以，不均衡的饮食摄取，自然会造就出不均衡的体态。

当然，所谓的均衡饮食，并不是真要你计较一天非得吃进几样食物不可，或是计算每天所需营养素的数量。毕竟，我们不可能整天拿着计算器在那里加减着食物的重量与热量。难道想要吃得均衡又健康，就没有别的办法吗？其实只要细心搭配食材的颜色，就可以轻松达到均衡饮食的要求；而均衡饮食所必备的颜色共分为绿、白、黑和红四大类。

"绿色"众人皆知，它代表了蔬菜类。只要餐桌上有这个颜色，便意味着你可以摄取到维生素A(胡萝卜素)、B$_2$、C、E以及食物纤维。就算它只是搭配在鱼、肉中的配菜，或是青菜色拉等皆可。

而"白色"在饮食中代表的是米饭、面包和面类的主食，它是人类活动时提供热量的来源——糖类所代表的颜色。

很多女性因为怕胖经常不吃米饭，其实完全不吃米饭，却想要减肥会出现反效果。当体内糖类不够时，分解脂肪的动作也无法顺利进行，反而会不容易变瘦。所以即使是在减肥过程中，还是得注意米饭及面食类食物的摄取。值得注意的是，糖类确实比蛋白质、脂肪类等营养素更容易发胖，所以在量

105

的方面务必要有所节制。一般而言米饭每一餐大约以将近一碗的量为理想，面包则是一个就好（约是 60 克），在这种摄取方式下，不但会吃得很健康，也可以在下次用餐前不会让自己提早出现空腹感。

至于"黑色"代表了海苔、裙带菜、昆布等海藻类，以及木耳和黑芝麻等食物。从这些食物中你可以摄取到维生素 B 群、钙质和铁等，此外食物纤维含量也不少，对减肥颇有帮助，同时还可以保有体力，是很不错的食物类别。

重要的是吃这些食物时，你可以完全不在乎卡路里量，就算量吃很多也不会有发胖的顾忌，在减肥过程中，可以好好通过不同的烹调方法来食用这些食物。

最后一种"红色"食物指的是梅子、番茄和草莓等，带有一点点酸味是这类食物的特征。这些食物的酸味属于柠檬有机酸，是帮助消化吸收和促进新陈代谢所不可或缺的营养素，特别是那些肩膀酸痛情形严重的；还有喝太多酒，肝脏机能打折扣的人，更要好好摄取这项营养素，让它们发挥分解疲劳物质的效用。

了解颜色在饮食中所代表的意义后，你更应该要时时注意自己的餐桌上，是不是每一餐都达到了基本的要求。

●不累积压力的饮食

只要有均衡的饮食习惯，就可以保有最基本的美丽和健康，但是现代人的生活模式中，往往容易累积许多压力，使得饮食习惯和方式都受影响。

当一个人的工作不顺利，遭受挫折感的打击，或者在减肥过程进行得不如预期时，都可能出现压力。当压力累积时，身体的状况会受到影响，同时心情也会有所改变，这时候绝大多数人为了消除这些压力，会选择吃东西或是喝酒来纾解心情。无形之中，除了对身体和健康造成伤害外，更甚至会对精神产生隐性的影响，同时令身体转变成封闭型体质。

对于那些在工作上容易产生压力，或是本身处理压力问题较弱的人，除了应该养成每天餐桌上要有白、绿、黑、红四大菜色外，更得智慧地选择不容易累积压力的食物，帮助自己渡过难关。

想要战胜压力必须摄取足够的维生素 A、B_1、B_2、C 和钙质，特别是钙质的部分，每天至少要达到六百毫克的摄取量。而钙质的含量又以豆腐、乳制品、小鱼和黄绿色蔬菜等最多。

在大量摄取钙质的同时，更应该配合柠檬、梅子、醋等具酸味的食材，它的作用在于促进消化液的分泌，让钙质的消化与吸收效果更好。除此之外，维生素 D 的补充也不容疏忽，维生素 D 的作用是运送钙质，好让它可以被吸收以及彻底送达骨骼部位，一旦维生素 D 不够，就算摄取了再多的钙质，也很难发挥好的效果。

本文节录自耶鲁国际文化《贤食主义》一书

①请圈出文章中的关键词，并检查一下这些关键词是否合适。

②依据圈出来的关键词做成重点思维导图。

③看着思维导图说出文章的重点。

练习 4

思维导图重点笔记

动物的智慧

第一部　鲸鱼的语言

加拿大的科学家们发现，在杀人鲸这类动物中存在着多种不同的语言，甚至还有不同的方言。就如同人类的世界，每个国家都有地区性方言，这些地区性方言并没有很大的差异性，但是诸如：欧洲和亚洲，这两个不同种族的方言就有很大的差别。所以杀人鲸族群内的方言差异，就如同人类族群内的方言差异一般。

　　高度语言发展的动物

现今的科学家研究发现，除了包括人类、灵长类动物和海豹等动物外，鲸鱼也身列于语言高度发展的哺乳类动物中一员。此外，科学家们也发现，尽管其他哺乳类动物的发声系统受到基因的限制，无法发展出复杂的语言构造，但是有越来越多的研究报告显示，多数动物的语言智能，比先前科学家所预料的来得高，而且动物在传达讯息时，也经常会创造出新的语言。加拿大温哥华市立水族馆中海洋馆的馆长约翰·福特(John Ford)，多年来一直在研究杀人鲸传达信息的方式。杀人鲸在水中所使用的语言，是口哨和叫声的组合。叫声的频率很高，类似声呐的声音。鲸鱼发出这类声音，并通过回音来确认前方是否有障碍物。

杀人鲸和海豚属于同一科，并且是同科动物里体型最大的。杀人鲸的名称来源与其真实的状况并不相符，没有记录显示杀人鲸曾攻击过人类，反而有许多数据显示杀人鲸经常帮助人类。

哨鲸

或许应该称杀人鲸为"哨鲸"或是"吹哨鲸"较为恰当。

地球各大海洋（从热带海域到南北极寒带海域），都能发现哨鲸的踪迹。通常在冰岛和加拿大等位于寒带的国家附近海岸区域，可以发现许多聚集的哨鲸。根据福特的研究，在英属哥伦比亚和美国北华盛顿州的海域，有一群约 350 只的哨鲸群出没。这一群鲸鱼分成两个团体，在附近的海域漫游。

"北方团体"是由十六个鲸鱼家庭或称 pods 所组成，活动范围从温哥华岛中部到阿拉斯加的东北角；而"南方团体"的规模较小，主要是由三个鲸鱼家庭所组成，活动范围从"北方团体"活动的边界，向南延伸到普吉湾 (Puget Sound) 和盖里港 (Cary's Harbour)。

幸好人类可以听到哨鲸所发出的声音，使福特的研究可以继续进行下去。他将监听器放在船侧，并用电子仪器增幅所接收到的声音，再用录音带录下来。福特可以分辨出不同种鲸鱼的语言，他发现鲸鱼可以发出十二种不同的叫声。每一种鲸鱼都可以发出属于自己族群的哨声和叫声。哨鲸的哨声系统和叫声系统，在音质与声音种类方面和海豚及其他种类的鲸鱼不同。每一个鲸鱼家庭都有属于自己的叫声，有些叫声则是不同的鲸鱼家庭用来相互传达讯息的叫声。

共同的祖先

福特发现，这些语言在鲸鱼族群中，代代相传。福特揣测，拥有相同叫声的鲸鱼，可能有共同的祖先，所以两个鲸鱼族群的叫声越接近，表示它们的血缘越近。

语言发展和鲸鱼间的血缘关系，可以让福特推测出鲸鱼语言融合所需要的时间。福特说："声音频率的改变速度比较慢，必须花上几百年的时间，才能让语言拥有较完整的发展。"这样的推论，指出有些语言可能已经拥有几千年的历史了。福特的研究，目前着重于哨鲸的行为和所发出之声音间的关系。虽然目前鲜少有重大发现；但是，他还是发现到"鲸鱼兴奋时，所发出的声音频率比较高"的这项成果。

福特相信，鲸鱼的叫声是一种辨识身份的密码，让哨鲸能够分辨对方是不是同类。当一大群鲸鱼同时出现时，哨鲸特别的叫声，能让彼此找出属于同一家族的伙伴，并且相偕漫游在海中。

目前福特还无法定义"哨鲸"族群语言的文法结构，不过他对哨鲸精巧的声音却印象深刻。他说："哨鲸拥有发展良好且高效率的讯息传达方式，但截至目前，人类只了解部分的传达方式。我认为过一段时间，我们将会佩服鲸鱼适应环境的能力。"

第二部　海豚的智慧

拉迪亚德·吉卜林(Rydyard Kipling)认为，要经过"什么、为何、何时、何地、谁"即"5W (What, Why, When, Where, Who)"思考过程，才能算是学习。许多人认为鲸鱼科动 物没有学习能力，因为它们没有上述的思考过程。

但是多年前我曾在惠普奈德(Whipsnade)动物园工作时，发现园中的海豚有一段令人意外的表演。当时园中有三只瓶鼻海豚，其中一只似乎生病了，工作人员想办法要抓住生病的海豚，另外两只海豚则是紧靠在生病海豚的两侧游着，并且避开网子放置的地方。

后来工作人员把三只海豚引导到旁边的小池里，然后放下水闸，以便缩小范围让工作人员轻易抓到生病的海豚。刚开始海豚有点骚动不安，但过了一会儿它们就平静下来了。它们开始排成一排游到闸门口，把鼻子塞在闸门底下，用鼻子把闸门顶开，然后游出小池子重获自由。

这样的行为表示海豚能思考要"如何做"及"何时做"的问题，它们能够经过思考后，再决定如何采取行动。

并没有适当的基本规则，可以比较人类大脑与海豚大脑间的功能差异。由于不同的生物会遭遇到不同的问题，为了解决这些问题，不同功能的计算机（大脑）因应而生。有些计算机擅于计划，有些计算机则擅于数字的运算，所以无从比较起。

海豚小脑发达的程度，显示动物有处理三度空间的能力。以小鸟为例，小鸟能够处理三度空间，也是因为小脑的功能。

约翰·赖利(John Lily)著名的作品中，提到蒙住眼睛的海豚，利用声音的反射，可以从物体的密度判断距离。之前的科学家们认为，海豚是利用回音定位来寻找食物。但是通过这份资料我们可以了解到，回音定位并不只是应用在找食物方面，对海豚而言，回音定位等于人类眼睛的功用。

小海豚的脑中密布着神经线，每条神经线有6,000到6,000以上的连接点；但是依据判断，这样的脑子结构，传递感觉的功能似乎很弱。

海豚的脑，可以记住海里的地形。每个渔夫都知道，不是在任何地方都可以捕捉到鱼和乌贼，只有在可以找到食物的地方，如：潮流经过的地方、岩石区或是其他利于海中生物生长的地形结构，才可以找到鱼和乌贼的踪迹。

海豚可以"看"到声音。以人类比喻，有些人的记忆力特别好，这些人曾提起，他们可以"听"到颜色或"看"到声音。

大脑神经触突的连接，使储存在大脑的信息能够相互交流查询。我们根据鲸鱼科动物所发出的声音，判断它们是否有传达讯息的能力，但是人类听不出它们发声间的差异变化。但是也有可能因为这个原因，而造成判断错误。因为人类以说话的方式传达讯息，这种方式以听觉的范围为主，但并不表示鲸鱼科动物也得用同样的方式来传达讯息。以人类的观点而言，海豚是无法进行传达讯息的动物；但或许以海豚的角度来看，它们会认为人类发声的能力非常简单。

研究其他动物时，我们常会拿它们与人类做比较，这样很容易产生误解。

我们能训练狗和某些动物玩些把戏，就认为这些动物很聪明。可是人类捕捉鲸鱼或海豚，并将这些动物放在会剥夺它们感觉的环境中，不断地训练它们，并以食物作为奖励让它们表演些特技，已经让这些动物逐渐丧失了自己的本能。

像这种剥夺具有高度智慧动物的能力，让它们沦为取悦人类工具的行为不应该再继续下去。

我们应该用更人性、更有智能的方式来对待地球上其他种类的动物，并且以尊重的态度，来研究其他动物具有的特殊能力。

节录自台湾耶鲁国际文化《全脑式速读》一书

作者：莫利 (Mowgli)

①请圈出文章中的关键词，并检查一下这些关键词是否合适。

②依据圈出来的关键词做成重点思维导图。

③看着思维导图说出文章的重点。